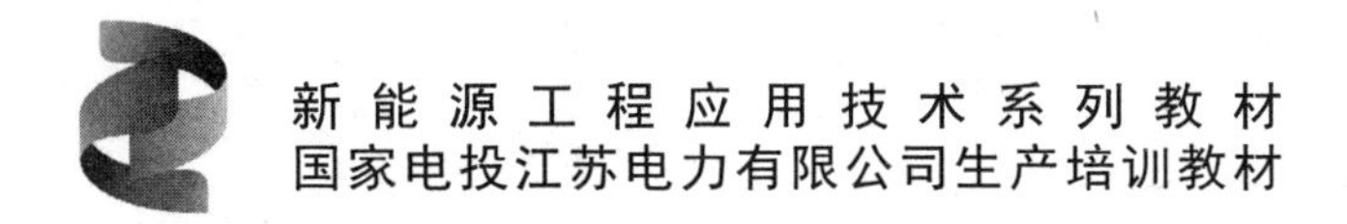

零碳电厂应用技术

主　编　邢连中　赵德中

副主编　王文庆　戴立新　谭振宇
　　　　田宏卫　李　成　颜海燕
　　　　姚宗林　李昌平　黄永胜
　　　　黄　帅　陈　城

参　编　孙　琦　左金伟　胡　飞
　　　　柯　飞　胡春成　吴久才
　　　　魏　赛　李大勇　王　亮
　　　　郑　斌　姚亚军　吴昊天
　　　　葛飞扬　周友嘉　黄雅欢
　　　　胡　兵　王彬彬　王国太
　　　　周国钧　叶海瑞　殷小杰
　　　　刘　勇　王乃新

南京大学出版社

图书在版编目(CIP)数据

零碳电厂应用技术 / 邢连中，赵德中主编. 一南京：南京大学出版社，2024.3

ISBN 978-7-305-28031-3

Ⅰ. ①零… Ⅱ. ①邢… ②赵… Ⅲ. ①发电厂一节能一研究 Ⅳ. ①TM62

中国国家版本馆 CIP 数据核字(2024)第 045188 号

出版发行 南京大学出版社
社 址 南京市汉口路 22 号 邮 编 210093

书 名 零碳电厂应用技术
LINGTAN DIANCHANG YINGYONG JISHU

主 编 邢连中 赵德中
责任编辑 王骁宇 编辑热线 025-83592146

照 排 南京开卷文化传媒有限公司
印 刷 常州市武进第三印刷有限公司
开 本 787 mm×1092 mm 1/16 印张 11.5 字数 266 千
版 次 2024 年 3 月第 1 版 2024 年 3 月第 1 次印刷
ISBN 978-7-305-28031-3
定 价 45.00 元

网 址：http://www.njupco.com
官方微博：http://weibo.com/njupco
微信服务号：njuyuexue
销售咨询热线：(025)83594756

编　委　会

序

电力是社会现代化的基础和动力，是最重要的二次能源。电力的安全生产和供应事关我国现代化建设全局。近年来，随着电力行业不断发展以及国家对环保要求的不断提高，在传统高参数、大容量燃煤发电机组逐步发展的基础上，新能源、综合智慧能源发展已经成为我国发电行业的新趋势。

国家电投集团江苏电力有限公司（以下简称“公司”）成立于2010年8月，2014年3月改制为国家电投集团公司（以下简称“国家电投集团”）江苏区域控股子公司，2017年11月实现资产证券化，主要从事电力、热力、港口及相关业务的开发、投资、建设、运营和管理等。近年来，公司积极参与构建以新能源为主的新型电力系统建设，产业涵盖港口、码头、航道、高效清洁火电、天然气热电联产、城市供热、光伏、陆上风电、海上风电、储能、氢能、综合智慧能源、售电等众多领域，打造了多个“行业第一”和数个“全国首创”。目前，公司实际管理11家三级单位，2个直属机构，62家控股子公司，发电装机容量527.63万千瓦，管理装机容量718.96万千瓦。其中，新能源装机325.23万千瓦，占比达61.64%。

为了落实江苏公司“强基础”工作要求，使公司生产技术人员更快更好地了解和掌握火电、热电、光伏、海上风电、储能、综合智慧能源等的结构、系统、调试、运行、检修等知识，江苏公司组织系统内长期从事发电设备运行检修的专家及技术人员，同时邀请南京大学专业导师共同编制了《国家电投江苏电力有限公司生产培训教材》系列丛书。本丛书编写主要依据国家和电力行业相关法规和标准、国家电投集团相关标准、各设备制造厂说明书和技术协议、设计院设计图，同时参照了行业内各兄弟单位的培训教材，在此对所有参与教材编写的技术人员表示感谢。

本丛书兼顾电力行业基础知识和工程运行检修实践，是一套实用的电力生产培训类图书，供国家电投集团江苏电力有限公司及其他生产技术人员参阅及专业岗前培训、在岗培训、转岗培训使用。

编委会

2023年11月

前 言

2020年9月22日，国家主席习近平在第七十五届联合国大会上宣布，中国力争2030年前二氧化碳排放达到峰值，努力争取2060年前实现碳中和目标。国家电力投资集团有限公司积极响应党中央国务院号召，践行央企责任担当，于2022年提出了“雪炭N行动”的零碳能源整体设想，首创“综合智慧零碳电厂”概念，并积极开展探索实践。行动的目的是在电力保供中发挥积极作用，实现绿电就地消纳、零碳发电的功能，并为电网提供平衡服务，同时推动先进技术应用和商业模式创新。

目前，国内系统介绍综合智慧零碳电厂的资料相对匮乏，为走出这一困境，本编写组依据《国家电投综合智慧零碳电厂技术开发指导手册》、《走进虚拟电厂》、国家电投苏州综合智慧零碳电厂建设方案及相关设计文件等资料，编写了本教材。

本教材主要介绍了综合智慧零碳电厂的概念及开发意义、综合智慧零碳电厂的关键技术、各组成部分的原理及运营管理、零碳电厂的技术指标，以及零碳电厂的商业模式和应用实例。本书既介绍基本原理，同时也结合实际案例加以分析说明，力求做到理论联系实际、理论与实践密切结合。

本教材可作为广大从事零碳电厂的从业人员、智慧能源研究人员的实用参考书，也可以作为高等院校电气与新能源控制方向本科生和硕士研究生的辅助教材。

由于编写时间仓促，编写人员水平有限，不同的综合智慧零碳电厂聚合不同的元素等因素，本教材有关综合智慧零碳电厂系统、设备和生产运营等相关介绍可能与实际存在偏差，内容缺漏在所难免，请读者朋友们批评和指正。本书编写过程中受到盐城工学院顾春雷教授、吴冬春老师等悉心指导，在此表示感谢！

编 者

2023年11月

目　录

第一章　概述

第一节　综合智慧零碳电厂开发的背景

2020年9月22日，国家主席习近平在第七十五届联合国大会上宣布，中国力争2030年前二氧化碳排放达到峰值，努力争取2060年前实现碳中和目标。2022年10月，党的二十大报告指出积极稳妥推进碳达峰碳中和，立足我国能源资源禀赋，坚持先立后破，有计划分步骤实施碳达峰行动，深入推进能源革命，加强煤炭清洁高效利用，加快规划建设新型能源体系。

随着中国"3060"目标推进，中国可再生能源实现跨越式发展，将在国家能源绿色低碳转型中发挥主导作用，并为构建新型能源体系提出更高要求和更大挑战。2022年全国有22个省级电网尖峰负荷创历史新高，江苏、浙江的日最大峰谷差超3 000万千瓦。分析其原因，主要有全社会用电需求增加，2022年全社会用电量8.64万亿千瓦时，同比增长3.6%；新增电力装机新能源占比高，电源侧可调峰占比不断降低；受极端天气影响，2022年全国大面积气温创历史新高，季节性用电负荷增长迅猛；现电力系统不适应大比例消纳新能源，尤其是分散式新能源。

为贯彻落实中国"3060"目标、二十大精神和集团公司"2035一流战略"，以及助力国家新型能源体系建设和能源保供目标实现，国家电投江苏公司以集团公司与国家电网签订战略合作协议为契机，着力追求做大做强用户侧综合智慧能源产业，努力打造具有"智慧系统整体接入电网""一建两聚合"鲜明特色的江苏省综合智慧零碳电厂，提出"苏州试点、发达城市复制、全省推广"的三步走战略，率先创新实践，打造苏州综合智慧零碳电厂，并于2022年底成功试运行，实现了与电网公司合作共建、整体接入电网调度平台、参与需求响应和辅助服务、多种场景并存等功能。

第二节　综合智慧零碳电厂的定义与结构

一、综合智慧零碳电厂的定义

综合智慧零碳电厂指在县域开发基础上，通过智慧系统聚合分布式新能源、分布式储能(户用储能)以及用户侧可调负荷,通过天枢一号数字化平台连接,构建对内协调平衡、对外与电网友好互助的新型电厂。

与传统的电厂不同,综合智慧零碳电厂既可以是发电厂,在系统缺电时提供电力;又可以是用电负荷,在供应过剩时消纳能源;同时还是储能站,时刻储备一定的应急能源;在实现这一切外部功能的同时,它还保障内部所有用户的能源调度。

二、综合智慧零碳电厂的结构

综合智慧零碳电厂是通过智慧系统聚合分布式新能源、储能(户用储能)以及用户侧可调负荷等,在数字化平台下构建的新型能源生产与消费聚合体,其结构如图 1-1 所示。综合智慧零碳电厂通过协调控制、智能计量以及信息通信等关键技术,实现通信和聚合,将相对分散的源、网、荷、储等元素通过智慧系统进行集成调控,等效形成可控的"智慧调控+可控负荷/储能/分布式电源"聚合体,提升电力系统的灵活性和可靠性,支撑新型电力系统建设。

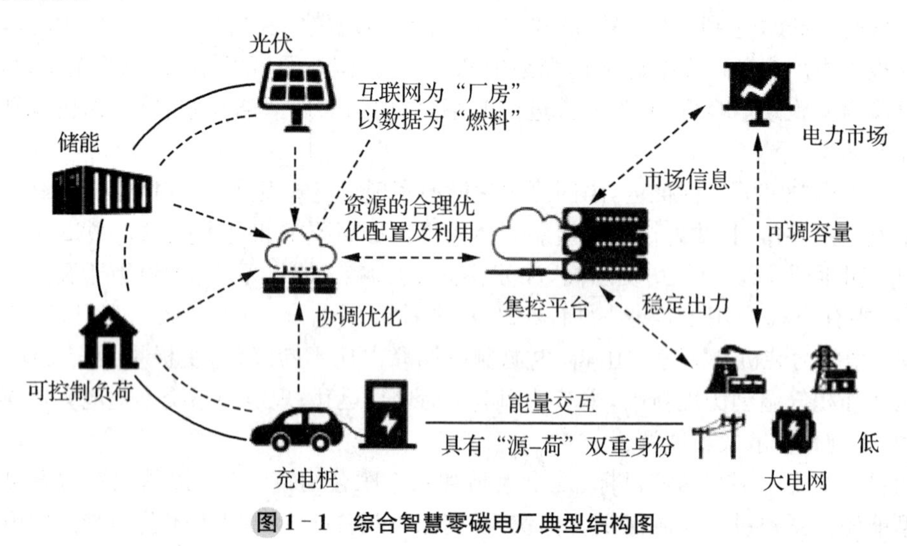

图 1-1　综合智慧零碳电厂典型结构图

第三节　综合智慧零碳电厂开发的意义

综合智慧零碳电厂在以下七个方面具有重要价值:一是聚合容量,利用智慧控制系统充分聚合区域内的电力容量资源,这既包括负荷侧可调资源,也包括分布式电源、储能等资源;二是响应需求,充分挖掘需求响应资源,平抑负荷波动,帮助用户科学高效地参与需求响应,赚取峰谷差价收益;三是调节出力,增加电力系统可调电源和可调负荷,使之具备真正的发电能力和双向调节能力,有效地补充尖峰电力缺口;四是管控节能,通过物联网和大数据技术,使用户用电更合理稳定且高效节能,降低用户用能成本;五是辅助服务,提供调峰、调频、调压、备电等辅助服务,提高区域供电质量和电网安全运行水平,赚取辅助服务收益；六是现货交易，在电力交易市场成熟后，直接参与电力市场现货交易，促进电力供需平衡，赚取现货交易收益；七是三网融合，可将开发中产生的用户和数据资源导入三网融合价值渠道，实现社群流量价值和数据价值变现。

对于地方政府，综合智慧零碳电厂可以提升地方能源供应能力，保障用能安全，推动能源相关产业发展，改善生态环境，促进区域绿色低碳发展，保障社会民生，助力实现乡村振兴。

对于电网企业，综合智慧零碳电厂可以增强电网的灵活性和提高调节能力，平抑负荷波动，补充尖峰缺口，保障区域电网安全稳定运行。

对于工商业用户，综合智慧零碳电厂可以降低用能成本，增加收入，提高用电安全性，和用能绿电比例，缓解减碳需求，同时实现用能的智慧化管控。

对于个体用户，综合智慧零碳电厂可以增加居民收入，降低用能成本，并提升生物质等资源化利用水平，改善炊事、采暖用能条件，实现智慧低碳生活，提升个体用户幸福感。

由以上价值分析可知，综合智慧零碳电厂是典型的多方共赢商业创新模式。

第二章　综合智慧零碳电厂的关键技术

第一节　天枢云平台

一、天枢云平台简介

天枢云平台是国家电投集团公司采用云计算、物联网、大数据、人工智能、数字孪生等先进技术打造的智慧能源物联网平台，是开放式的数字化能源管控与服务平台，也是集团公司“能源网＋社群网＋政务网”三网融合战略落地的核心支撑平台。平台汇集众多的供能设备、设施及用能系统，实现分布式电源、储能系统、充电系统、配电系统、可控负荷、微电网、微能源网、增量配电网等能源系统的聚合和调控。

天枢云平台采用“横向跨界融合、纵向业务贯通”的系统集成理念，对综合智慧零碳电厂多种类型的能源系统进行集成，满足数据共享、安全通信、互联互通、场景联动、灵活参与的需求，实现业务融合和现场的少人、无人值守，为综合智慧零碳电厂的建设与高效运营运维提供强力支撑。

天枢云平台的目标是实现“源—网—荷—储”电力电量平衡、储能管理、负荷管理、收益分析、辅助调峰、辅助调频、控制策略寻优、仿真调优、负荷预测、专家规则和优化协调运行、碳排放管理等功能，破解需供不匹配的难题，支持国家达成双碳目标。天枢云平台与主要大型互联网公司的消费互联网平台实现融合，使商业模式更加灵活多样，应用场景更为丰富。

天枢云平台作为综合智慧零碳电厂的智慧管理控制平台，不但解决了综合智慧零碳电厂的运营管理问题，也让综合智慧零碳电厂能更好地链接服务园区、工商企业、城乡居民等客户。这是行业的创新，也是国家电投集团的关键技术。

在实际应用中，应该遵循天枢云平台统一的数据接口规范要求和数据采集及接入标准，将数据存储于统一的天枢云大数据平台，实现实时交互与功能模块的升级更新。

天枢云平台分为三层架构，分别为智慧物联接入层、基础平台层、功能应用层，应用操作端包括 PC 端、大屏和手机 APP。系统各层级关系如图 2 - 1 所示。

(1) 智慧物联接入层。该层负责采集发电侧和负荷侧的相关数据，通过采集棒、标准网关、智能网关和一体机服务器采集汇总数据；同时控制指令也通过该层(采集棒除外)向用户侧系统下发，如图 2 - 2 所示。

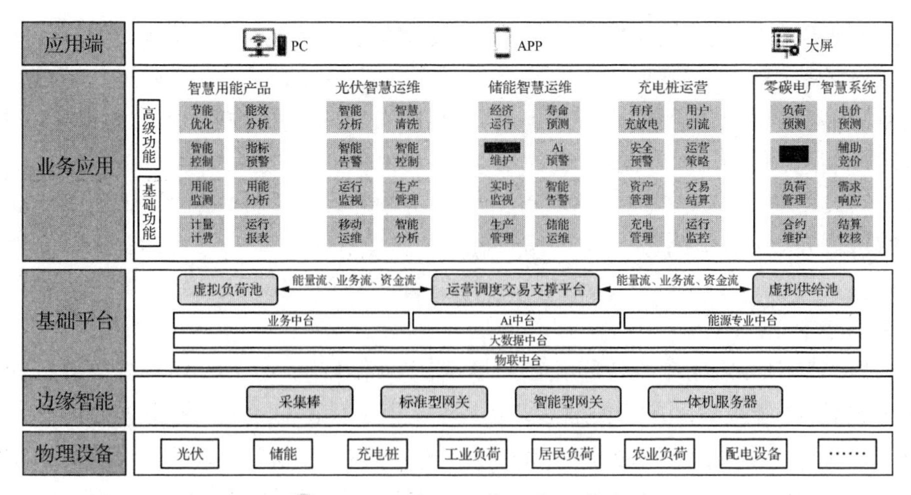

图 2-1　天枢云平台架构示意图

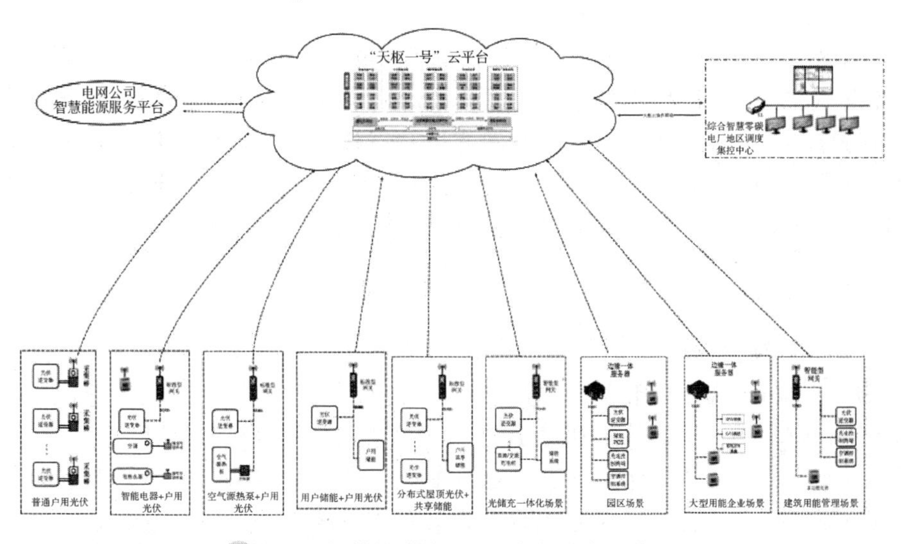

图 2-2　智慧物联接入层及数据流向示意图

（2）基础平台层。数据通过智慧物联接入层汇集到大数据平台整理后进入基础平台层成为标准化数据。该层数据可为各个软件系统调用，并在应用过程中形成数据积累存储在本层。

（3）功能应用层。功能应用层囊括通过天枢一号能源网完成的业主应用功能产品，其中包括智慧用能产品、光伏智慧运维产品、储能智慧运维产品、充电桩运营产品和零碳电厂智慧系统。

（4）应用操作端。应用操作端主要以 Web 和手机 APP 界面形式，展示系统和设备信息和调度策略结果，同时支持通过 URL 方式集成到外部系统。

二、接入设备

综合智慧零碳电厂的就地设备通过采集棒、标准网关、智能网关和边缘一体服务器等边缘终端设备与天枢云相连。各主要智慧物联硬件设备基本功能如下。

（1）采集棒适用于屋顶光伏及类似场景，主要完成光伏逆变器数据的采集及转发任务，采用直连模式将数据直接转发云端，支持不低于100个测点，支持通过云端可视化配置方式后向单独修改每个测点的采集频率、北向转发周期。数据断缓能力不低于7天。

（2）标准网关适用于常规能源管理场景，支持站网云多层级协同，具备策略算法的解析执行。当设备与云端断开连接后，标准网关仍然能稳定运行，支持不低于3 000个测点。数据传输和处理正确率为100%，数据断缓能力不低于30天。CPU平均负载率（5分钟平均值）不高于40%，内存平均使用率（5分钟平均值）不高于50%，在任何条件下备用存储都不低于12 GB。

（3）智能型网关适用于综合能源管理场景，支持站网云多层级协同，具备数据计算及策略算法的解析执行，当设备与云端断开连接后，支持不低于100个通道连接。支持不低于10 000个测点。数据传输和处理正确率为100%，数据断缓能力不低于30天。CPU平均负载率（5分钟平均值）不高于40%，内存平均使用率（5分钟平均值）不高于50%，在任何条件下备用存储都不低于20 GB。

（4）边缘一体服务器适用于复杂综合智慧能源场景。该场景主要完成综合智慧能源区域管控自治，能够处理复杂数据计算以及策略算法执行。边缘一体服务器支持不低于1 000个通道连接，支持不低于50 000个测点。数据传输和处理正确率为100%，数据断缓能力不低于30天。CPU平均负载率（5分钟平均值）不高于40%，内存平均使用率（5分钟平均值）不高于50%，在任何条件下备用存储都不低于100 GB。

三、接入场景

上述各类智慧物联设备接入场景简述如下。

（1）普通户用光伏。对于普通户用光伏，一般仅采集光伏逆变器数据，建议每户配置1个天枢一号采集棒，采集棒数据通过4G/5G通信上传天枢一号平台。

（2）智能电器＋户用光伏。对于有意愿参加综合智慧零碳电厂负荷调节的用户家庭，除了在进户电源进线开关上安装智能测量装置或更换智能开关断路器，还可以将用户的智能家电接入WIFI/5G。本场景要求将各类信息均汇总至标准型网关，建议每户配置1个天枢一号标准型网关，相关监控信息通过标准型网关接入天枢一号平台。

（3）空气源热泵＋户用光伏。对于配置了空气源热泵作为取暖设施，且有意愿参加综合智慧零碳电厂负荷调节响应的分布式光伏家庭，不仅需要分布式光伏发电监控与计量，还需要预留空气源热泵的控制接口，以便参与综合智慧零碳电厂负荷调节响应。本场景建议每户配置1个标准型网关，相关监控信息通过标准型网关接入天枢一号。

（4）户用储能＋户用光伏。本场景主要要求分布式光伏发电监控与计量但是同时需要户用储能建设接口，因此建议每户配置1个天枢一号标准型网关。

（5）分布式屋顶光伏＋共享储能。分布式屋顶光伏发电，也采用分散式上网方式，多户共享一个50 kW/100 kW・h的储能装置。所发电能经过逆变器汇集至上网点的并网柜并网，并在并网处设置共享储能装置，建议配置天枢一号标准型网关。

（6）光储充一体化场景。建议配置天枢一号智能型网关。

（7）建筑用能管理场景。对于建筑用能管理场景，不但需要采集建筑配电回路的用电数据、接入光伏逆变器数据，还需要对相关楼宇空调控制系统进行智能远程切投控制，并参与充电控制终端的驾控。因此本场景建议配置采用天枢一号智能型网关，相关监控信息通过智能型网关接入天枢一号。

（8）大型用能企业场景。大型用能企业不但有能源管理的强烈需求，还可以主动参与综合智慧零碳电厂响应负荷调节。这就需要较为复杂的策略考虑，接入和被控对象均较多，因此建议配置采用边缘一体服务器。在现场完成企业级能效管理的同时，通过边缘一体服务器接入天枢一号。

（9）园区场景。设置了分布式光伏发电、园区储能电站、规模化充电设施、楼宇集中空调的园区场景，具有参与综合智慧零碳电厂负荷调节响应的充分能力和条件，但是需要较为复杂的策略考虑，接入和被控对象均比较多，因此建议配置边缘一体服务器，各个楼宇空调控制系统和分布式光伏控制系统与边缘一体服务器现场连接，在现场完成园区级能效管理的同时，通过边缘一体服务器接入天枢一号。

四、数据流向与集控设施

全部监控数据通过智慧物联接入天枢云，数据平台和功能软件产品均部署在天枢云，所有监控与操作数据全部存储在天枢云中，需要集控中心的可布置客户终端机，并配有直观的大屏幕显示器。天枢一号平台具有与电网公司的智慧能源服务平台接口以实现数据交换。

五、相关软件产品功能说明

天枢一号平台提供配置的软件产品清单如表 2-1 所示。

表 2-1　天枢一号平台提供配置的软件产品清单

序号	软件产品名称	软件产品功能
1	光伏智慧运维产品	运行监视
		智能告警
		运行报表
		光伏电站远程控制
		光伏电站分析
		光伏电站生产管理
		光伏电站综合展示
		光伏电站智慧运维
		光伏电站智能分析
2	储能智慧运维产品	储能电站监控
		智能告警
		运行报表
		智能控制

续　表

序号	软件产品名称	软件产品功能
2		储能电站生产管理系统
		智能电站 APP
3	充电桩智慧运营产品	充电资产管理
		充电运行监控
		充电业务运营
		用户充电服务
4	智慧能源管理产品	用能监测
		用能分析
		用能计费
		运行综合管理
		企业碳账户管理

六、与综合智慧零碳电厂相关的三网融合场景说明

1. 场景概述

综合智慧零碳电厂通过将地理位置分散的各种资源聚合和协同优化，整体呈现“实体电厂”的技术功能形态，并以“电厂形态”参与电力市场和电网辅助调控，如图 2－3 所示。综合智慧零碳电厂可促成市场环境下广大用户的充分参与、共享收益，让每一度电更智能、降低社会用电成本，并解决新型电力系统调度难题，这是对原有商业模式的颠覆创新。综合智慧零碳电厂建设和高效经济运行的关键要素是通过能包含零碳电厂的分布式电源、分散式负荷以及各种储能设施进行统一管控，支持参与当地的电力市场和电网运行、接受电网调度指令、参与需求侧响应、电网辅助服务的强大、可靠、稳定的管理平台，即综合智慧零碳电厂智慧管理控制平台。

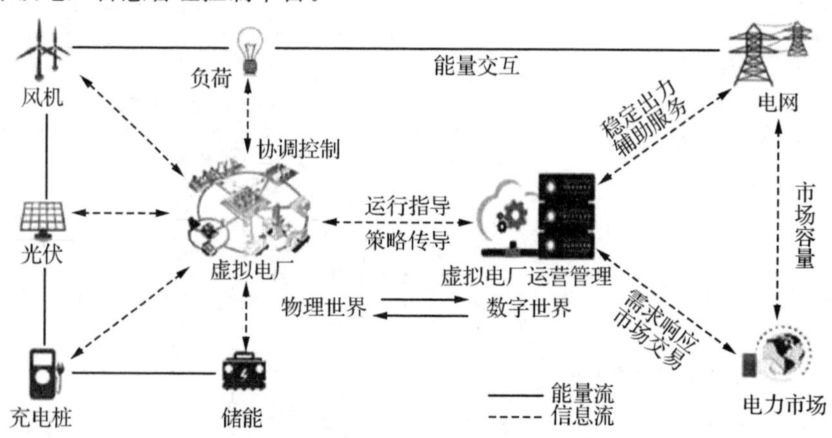

图 2－3　综合智慧零碳电厂参与电力市场辅助调控示意

在参与综合智慧零碳电厂的可控工商业用户与居民用户范围内，开展“参与综合智慧零碳电厂调度，额外得增值服务”活动，通过为农产品与工商业产品提供良好便捷的网上平台推广营销、扩大其产品销量和收入等，同时也可农户提供良好便捷的日常生活服务与优惠购物等，以吸引村镇工商业企业与居民用户纳入综合智慧零碳电厂可控负荷中，支持综合智慧零碳电厂市场的快速开发与综合智慧零碳电厂规模化运营。

2. 商业模式

可通过安装于工商业用户综合智慧零碳电厂的智能终端登录天枢 APP，对居民用户的家庭智能终端进行需求响应，调节或切断可调负荷。

天枢 APP 推广由国家电投县城市场开发人员或委托当地人员负责执行。天枢商城平台支持对参与综合智慧零碳电厂的工商业用户与居民用户的产品推广营销。

3. 建设内容

项目公司从综合智慧能源产业创新中心购买家庭智能终端（用于居民用户）、能源管理智能终端（用于工商业用户），为参与综合智慧零碳电厂的用户免费赠送智能终端，引导用户参与综合智慧零碳电厂开展的各类活动。

4. 运营模式

参与综合智慧零碳电厂的用户通过参与调度响应，根据参与调度响应电量值获得相应绿点积分，工商业企业与居民根据绿点积分情况获得平台推广营销服务（次数或时长），同时居民用户可在电商平台中使用绿点积分消费。

5. 价值与收益

吸收用户参与综合智慧零碳电厂建设，形成规模化综合智慧零碳电厂。建立与工商业、居民长期的关系，促进用户活跃和保持黏性。

与消费互联网结合，参与综合智慧零碳电厂调度收益转入电商平台，一方面可提升工商业用户推广营销力度，带动产品销售；另一方面可增加居民用户年可支配收入，并通过引导消费实现权益放大。

第二节　智慧系统

综合智慧零碳电厂的核心逻辑是通过信息通信技术和软件系统，将用户侧各类分散、可调节的电源负荷汇聚起来，对这些电力资源进行统一的管理和调度，与外部集控系统、管理平台配合进行协同控制和优化，经过数据分析和运营策略调整后，对外进行能量输送，根据市场需求变化进行碳市场和电力市场交易，最终达到弥合电力供需矛盾、达到电力系统总体效益最大化的目的。

综合智慧零碳电厂的软件技术包括智能计量技术和协调控制技术。智能计量技术是综合智慧零碳电厂的重要组成部分，是实现综合智慧零碳电厂对分布式发电和可控负荷等监测和控制的重要基础。

智能计量系统的作用是自动测量和读取用户的电、气、热、水的消耗量或生产量，以电力的参数来说，包括用户端的电量、三相电压、电流、有功、无功等实时数据，及时传送到三网融合平台，这样可以为综合智慧零碳电厂的运行、调度和规划提供大量准确信息，方便运行人员精确把握零碳电厂的运行状态。尤其是针对分布式发电、柔性负荷相关设备的管理，更需要通过高级智能仪表，精确掌握和预测分布式能源的状态信息。对于用户侧而言，所有的计量数据都可通过云平台用户账号或者移动端进行显示。因此，用户侧能够直观地看到自己消费或生产的电能以及相应费用等信息，以此采取合理的调节措施。

本节以苏州综合智慧零碳电厂智慧系统为例，对综合零碳电厂的智慧系统作详细介绍，智能计量解决部分没有集控系统的分布式发电、小型户用储能及用户侧可控负荷的接入和调度。具体接入设备包括采用智能电表、智能网关、智能控制前端等。

一、智慧系统三维首页

该系统三维直观、动态展示了苏州综合智慧零碳电厂概况，结合零碳电厂主要业务实现零碳电厂重要信息和数据的汇总和总览，如图 2－4 所示。

图 2－4　智慧系统三维首页

智慧系统三维首页主要展示二维智慧系统中的核心功能内容的提炼及动态展示，其中包括：(1) 资源展示，对接入综合智慧零碳电厂的资源汇总及指标展示，即光伏、储能、户用储能、用户侧可调负荷等基础资源汇总、零碳电厂绿电指标以及零碳电厂实时功率展示；(2) 功能展示，对核心功能需求响应、辅助服务、电力现货、优化调度等功能分别进行三维动态业务流程展示以及资源调度情况体现、零碳电厂运营收益汇总。

二、生产总览

生产总览全面展示综合智慧零碳电厂主要生产指标与信息，主要展示接入资源在生产运行中的汇总数据，包括各类型资源的实时数据和在不同模式下的收益情况以及零碳电厂参与业务情况、零碳电厂指标展示。

三、光伏总览实时监测

光伏总览实时监测主要展示光伏资源的发电量、功率、电站数量、利用小时数、资源分布情况以及电站状态等汇总数据，如图 2－5 所示。

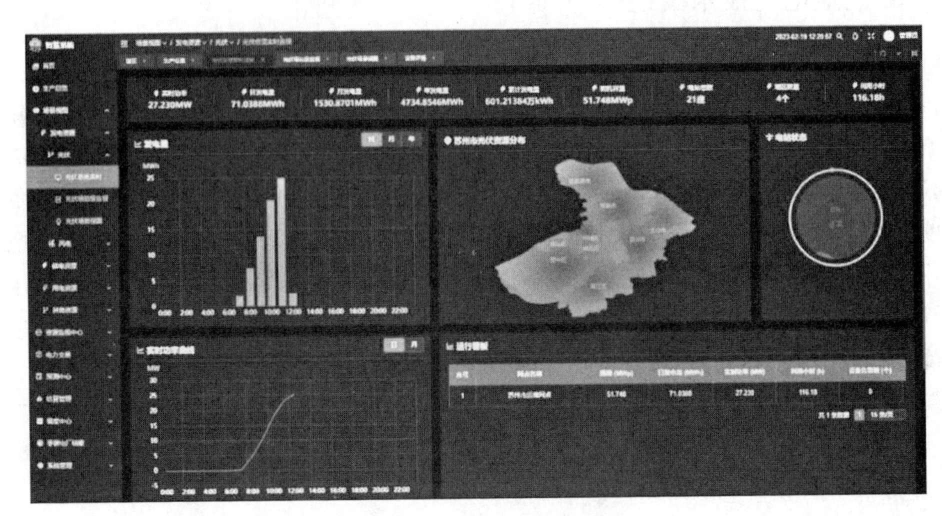

图 2－5　光伏总览实时监测

四、光伏场站级监测

光伏场站级监测主要展示光伏场站级光伏资源的实时功率、发电量、电站设备及运维信息等场站级资源数据，可以通过设备树选择某一光伏电站进行实时监测，如图 2－6 所示。

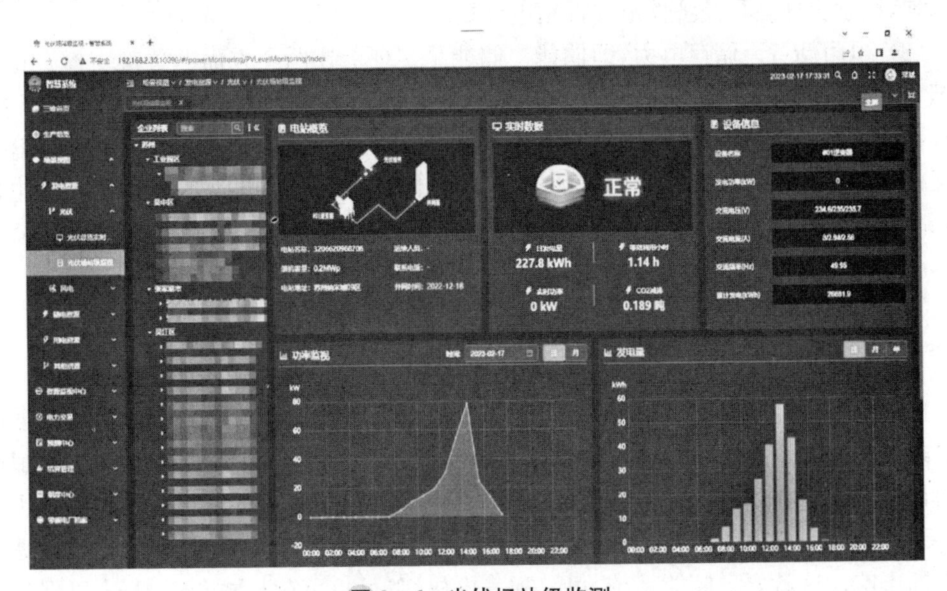

图 2－6　光伏场站级监测

第三节　虚拟电厂技术

一、虚拟电厂技术概述

虚拟电厂(Virtual Power Plant,VPP),是一种通过先进信息通信技术和软件系统,实现分布式电源(Distributed Generator,DG)、储能系统、可控负荷、电动汽车等分布式能源资源(Distributed Energy Resource,DER)的聚合和协调优化,以特殊电厂的身份参与电力市场和电网运行的电源协调管理系统。通俗来说,虚拟电厂就是虚拟化的发电厂,它并不具备实体发电厂(如火力发电厂)本身,而是一种管理模式,或者说是一套系统,通过配套技术把分散在不同空间的小型太阳能、风能等新能源发电装置、储能电池和各类可控制(调节)的用电设备(负荷)整合集成,协调控制,对外等效形成一个可控电源,辅助电力系统运行,并可参与电力市场交易,同时优化资源利用,维护区域内、甚至跨区域的用电稳定与用电安全。

二、虚拟电厂业务

虚拟电厂的业务主要体现在以下几点。

(1) 注源。为电网注入新的电力来源。让更多的小型分布式新能源电源有组织地接入系统平台,统一协调管理,形成合力,相对可控,实现并入电网运行。

(2) 控流。控制调节用电侧电力流向及流量。尽可能多地接入可调节用电负荷,使其有纪律地按计划用电,并提升能效管理,实现最大程度的以不影响生产生活用电为前提,综合考虑外部电网供电情况、内部自发电(如有)情况、各类用电成本、电网需求侧管控等因素,科学合理最具经济性地安排用电计划。

(3) 电力储备。储存电力,即储能。储能是实现上述两个方面的关键支撑。正如小溪汇入大河、大河注入大海,分散在各地的小型新能源电力也需汇流“会师”才更有力量、更具操作空间,“会师地点”即配套的储能系统,“会师”后统一听从上级调令;对于控流,也是同样需要配套储能系统才能更灵活地制定最佳用电方案。可以说,可靠的虚拟电厂离不开高效稳定的储能系统。

三、虚拟电厂关键技术

1. 协调控制技术

虚拟电厂的控制对象主要包括各种DG、储能系统以及DER。由于虚拟电厂强调对外呈现的功能和效果,因此,聚合多样化的DER实现对系统高要求的电能输出是虚拟电厂协调控制的重点和难点。实际上,一些可再生能源发电站(如风力发电站和光伏发电站)具有间歇性或随机性以及存在预测误差等特点,因此,将其大规模并网必须考虑不确定性的影响。这就要求储能系统、可分配发电机组、可控负荷与之合理配合,以保证电能质量并提高发电经济性。

2. 智能计量技术

智能计量技术是虚拟电厂的重要组成部分，是实现虚拟电厂对 DG 和可控负荷等监测和控制的重要基础。智能计量系统最基本的功能是自动测量和读取用户住宅内的电、气、热、水的消耗量或生产量，即自动抄表（Automated Meter Reading，AMR），以此为虚拟电厂提供电源和需求侧的实时信息。作为 AMR 的发展，自动计量管理（Automatic Meter Management，AMM）和高级计量体系（Advanced Metering Infrastructure，AMI）能够远程测量实时用户信息，合理管理数据，并将其发送给相关各方。对于用户而言，所有的计量数据都可通过用户室内网（Home Area Network，HAN）在电脑上查看。用户能够直观地看到自己消费或生产的电能以及相应费用等信息，以此采取合理的调节措施。

3. 信息通信技术

虚拟电厂采用双向通信技术，不仅能够接收各个单元的当前状态信息，而且能够向控制目标发送控制信号。应用于虚拟电厂的通信技术主要是基于互联网的技术，如基于互联网协议的服务、虚拟专用网络、电力线路载波技术和无线技术（如全球移动通信系统/通用分组无线服务技术，USM/UPRS）。在用户住宅内，WiFi、蓝牙、ZigBee 等通信技术构成了室内通信网络。

第三章　综合智慧零碳电厂的硬件设施概述

第一节　发电资源

综合智慧零碳电厂的源侧主要是清洁能源发电，通常包含风力发电和光伏发电。

一、风力发电

1. 风力发电原理

风能是可再生清洁能源，无污染、能量较大、发展前景良好。风能目前得到了各国的认可与重视。且风力发电在众多的可再生能源中属于成本较低的类型，既可并网运行，也可独立运行，又能与其他电力资源互补组成混合型发电系统。

风力发电就是利用风力机获取风能并转化为机械能，再利用发电机将风力机输出的机械能转化为电能输出的生产过程。风力机有很多种类型，用于风力发电的发电机也呈现出多样性，但是基本能量转换过程都是一样的，如图 3－1 所示。用于实现该能量转换过程的成套设备称为风力发电机组。

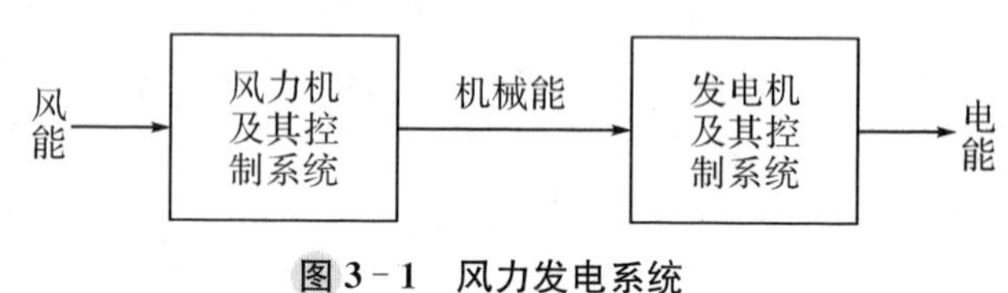

图 3－1　风力发电系统

单台发电机组的发电能力是有限的，与火电站上百兆瓦发电机组相比功率是非常小的，所以大规模的风力发电是在风电场中实现的。风电场输出的电能经由特定电力线路接入电网或直接送给用户。

2. 风力发电分类

（1）按额定功率的不同划分

① 小功率风力发电系统。小功率风力发电系统一般指额定功率在数千瓦以内的风力发电系统，主要应用于分布式能源系统、农牧区电力供应和露天热水供应等。

② 中等功率风力发电系统。中等功率风力发电系统一般指额定功率在数千瓦到数十万瓦之间的风力发电系统，主要应用于多台风机组成的风力发电场。

③ 大功率风力发电系统。大功率风力发电系统一般指额定功率在数十万瓦以上的

企业级风力发电系统，主要应用于大型工业用电和大型城市电网接入。

(2) 按风机旋转主轴的方向划分

① 水平轴风力发电系统。如图 3-2 所示，水平轴风力发电机的风轮围绕一个水平轴旋转，风轮轴平行于地面，风轮上的叶片是径向安装的，与旋转轴垂直，并与风轮的旋转平面成一角度(即安装角)。水平轴风力发电机具有结构简单、稳定性高、转速较低等优点，适合于各种地形和气候条件，普遍应用于工业用途和大型风力发电场。

② 垂直轴风力发电机。如图 3-3 所示，垂直轴风力发电机的风轮围绕一个垂直轴旋转，风轮轴垂直于地面。垂直轴风力发电机具有与风向无关、安装方便等优点，适合于城市和建筑物顶等环境。

图 3-2 水平轴风力发电机

图 3-3 垂直轴风力发电机

(3) 按桨叶数量划分

可分为:单叶片、双叶片、三叶片和多叶片型风机。叶片的数目由很多因素决定，其中包括空气动力效率、复杂度、成本、噪音、美学要求等等。大型风力发电机可由 1~3 片叶片构成。

(4) 按风机接受风的方向划分

① 上风向型——叶轮正面迎着风向(即在塔架的前面迎风旋转)。上风向风机一般需要有某种调向装置来保持叶轮迎风。

② 下风向型——叶轮背面顺着风向两种类型。下风向风机则能够自动对准风向，从而免除了调向装置。但对于下风向风机，由于一部分空气通过塔架后再吹向叶轮，塔架就干扰了流过叶片的气流而形成所谓塔影效应，使性能有所降低。

(5) 按功率传递的机械连接方式划分

① 有齿轮箱型风机的桨叶通过齿轮箱及其高速轴及万能弹性联轴节将转矩传递到发电机的传动轴，联轴节具有很好地吸收震动的特性，可吸收适量的径向、轴向和一定角度的偏移，并且联轴器可阻止机械装置的过载。

② 直驱型风机则另辟蹊径，采用了多项先进技术，桨叶的转矩可以不通过齿轮箱增

速而直接传递到发电机的传动轴，使风机发出的电能同样能并网输出。这样的设计简化了装置的结构，减少了故障概率，优点很多，现多用于大型机组上。

(6) 按桨叶接受风能的功率调节方式划分

① 定桨距(失速型)机组。桨叶与轮毂的连接是固定的。当风速变化时，桨叶的迎风角度不能随之变化。由于定桨距(失速型)机组结构简单、性能可靠，在早期的风能开发利用中一直占据主导地位。

② 变桨距机组。叶片可以绕叶片中心轴旋转，使叶片攻角可在一定范围内(一般为0～90°)调节变化，其性能比定桨距型提高许多，但结构也趋于复杂，现多用于大型机组上。

(7) 根据风力发电机组的发电机类型划分

可分为异步发电机型和同步发电机型。

① 异步发电机按其转子结构不同又可分为以下两类。

笼型异步发电机——转子为笼型。由于结构简单可靠、廉价、易于接入电网，笼型异步发电机在小、中型机组中得到大量的使用；

绕线式双馈异步发电机——转子为线绕型。定子与电网直接连接输送电能，同时绕线式转子也经过变频器控制向电网输送有功或无功功率。

② 同步发电机型按其产生旋转磁场的磁极的类型又可分为以下两类。

电励磁同步发电机——转子为线绕凸极式磁极，由外接直流电流激磁来产生磁场；

永磁同步发电机——转子为铁氧体材料制造的永磁体磁极，通常为低速多极式，不用外界激磁，简化了发电机结构，因而具有多种优势。

(8) 按运行方式划分

① 独立运行。通常由一台小型风力发电机向一户或几户提供电能，采用蓄电池进行储能。独立运行是一种比较简单的运行方式，但由于风能的不稳定性，需要配置充电装置，最普遍使用的充电装置为蓄电池，当风力发电机在运转时，为用电装置提供电力，同时将多余的电能向蓄电池充电。

② 互补运行。风力发电与其他发电方式(如光伏发电)相结合，形成互补发电系统向一个单位或一个村庄供电。

③ 并网运行。风力发电并入常规电网运行，向大电网提供电力。

3. 风力发电机组主要组成部分

(1) 风轮

风力机区别于其他发电机械的最主要特征就是风轮。如图3-4所示，风轮一般由2～3个叶片和轮毂所组成，其功能是将风能转换为机械能。

由于风力发电机的理论基础是空气动力学，故其叶片形状与飞机机翼很相似。风经过水平轴风力发电机的叶片时由于叶片与风有夹角，风在叶片上形成升力，风力

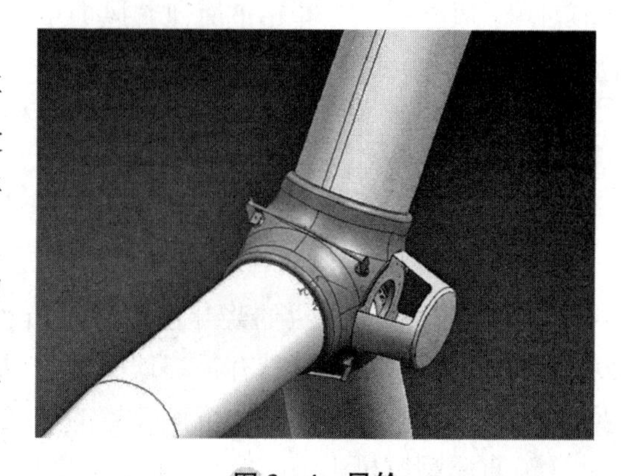

图3-4　风轮

发电机就是依靠叶片上的升力把风能转换为旋转的机械能，从而带动发电机发电。

（2）塔架

风力机的塔架除了要支撑风力机，还要承受吹向风力机和塔架的风压，以及风力机运行时的动载荷。它的刚度和风力机的振动有密切关系。水平轴风力发电机的塔架主要可分为管柱型和桁架型两类，如图 3-5 所示。

(a) 管柱型　　(b) 桁架型

图 3-5　塔架

管柱形塔架对风的阻力一般较小，特别是对于下风向风力机叶片，产生紊流的影响要比桁架式塔架小。桁架式塔架常用于中小型风力机上，其优点是造价不高、运输方便。但这种塔架会对下风向风力机叶片产生很大的紊流。

（3）机舱

风力发电机机舱是连接风轮与发电机的重要部分，它安装在风力发电机的塔筒顶部，主要用于容纳并保护风电机组的主轴、齿轮箱、发电机等传动系统及其他电气设备的舱体。通常用自重轻、强度高、耐腐蚀的玻璃钢制作。如图 3-6 所示，维护人员可以通过塔架进入机舱。

图 3-6　机舱

机舱的作用如下。

① 控制风力机旋转。机舱中的齿轮箱通过变速器调整风轮旋转速度，确保风力机能够稳定地工作，并向发电机输送足够的机械动力。

② 保护装置。风力发电机机舱还包括多种保护装置，用于确保发电机在运转中的安全性和可靠性。例如，如果风力机受到过大的风压或温度过高，这些保护装置会立即停止风力发电机以保护其安全。

③ 运行监测。机舱中还安装有多种传感器和监测设备，用于监测风力机的运行状态和性能参数。这些设备能够及时发现风力机的问题，并对其进行自我诊断，提高了风力机的运行稳定性和可靠性。

机舱的结构组成如下。

① 齿轮箱。风力发电机机舱中的主要部件是齿轮箱，它是传输风力轮转动力的关键设备之一，由多组齿轮组成，实现从风轮传动到发电机的机械动力转换。

② 电控柜。风力发电机机舱中还配备了电控柜，用于对风力机进行远程监控和数据采集。同时，电控柜还能够对风力机进行各种指令控制，例如启动/停止风力机等。

③ 监测设备。为了监测风力机的状态和性能参数，机舱中还配备了多种监测设备，例如气象站、震动传感器、温度传感器等。这些设备通过无线传输、串口通信等方式将监测数据传输到云端平台或本地监控中心。

(4) 齿轮箱

对于容量较大的风电机组，因风轮转速很低远达不到发电机发电的要求，往往需要通过齿轮箱的增速作用来实现发电。而且并网运行的发电机必须要求同步转速才能运行，故风力发电机组一般都在主轴与发电机之间安装有增速传动机构。风力机的传动机构一般包括低速轴、高速轴、齿轮箱、联轴节和制动器等。风力发电机组中的齿轮箱也被称为增速箱。

齿轮箱的主要功能就是将风轮在风力作用下所产生的动力传递给发电机并使其得到相应转速。对于大型风力发电机组的齿轮箱，由于限制其转速，传动装置的增速比一般为40～50。这样，可以降低发电机重量，从而降低成本。

(5) 偏航系统

偏航系统是用于调整风力机的风轮叶片旋转平面与空气流动方向相对位置的机构。因为当风轮叶片旋转平面与气流方向垂直时，也即是迎着风向时，风力机从流动的空气中获取的能量最大，因而风力机的输出功率最大，所以调向机构又称为迎风机构(通称偏航系统)。偏航系统由电动机及减速机构、偏航调节系统和扭缆保护装置等部分组成。

偏航系统的主要作用如下。

① 与风力发电机组的控制系统相配合，使风发电机组的风轮始终处于迎风状态，充分利用风能，提高发电机组的发电效率；

② 提供必要的锁紧力矩，保障风力发电机组的安全运行。

(6) 发电机

发电机是利用电磁感应原理将风轮输出的机械能转变为电能。发电机及其控制器是整个发电系统的核心。

发电机基本类型包括普通异步风力发电机组、双馈异步风力发电机组、直驱式同步风力发电机组(含永磁发电机和直流励磁发电机)、混合式风力发电机组。

独立运行的风力发电机组中所用的发电机主要有直流发电机、永磁式交流发电机、硅整流自力式交流发电机及电容式自励异步发电机。

并网运行的风力发电机组中使用的发电机主要有同步发电机、异步发电机、双馈发电机、低速交流发电机、无刷双馈发电机、高压同步发电机及开关磁阻发电机等。

① 独立运行风力发电机组中的发电机

独立运行的风力发电机一般容量较小,与蓄电池和功率变换器配合实现直流电和交流电的持续供给。独立运行的交流风力发电系统结构如图 3－7 所示。

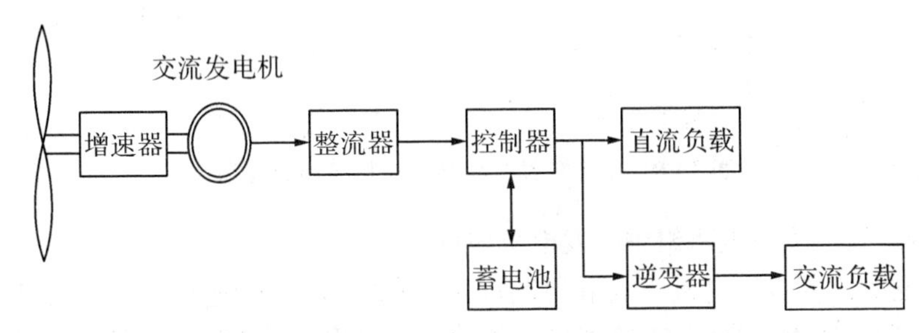

图 3－7　独立运行的交流风力发电系统结构

直流发电机。直流发电机按励磁的方式可分为永磁式直流发电机和电磁式直流发电机。直流发电机可直接将电能送给蓄电池储能,可省去整流器,随着永磁材料的发展及直流发电机的无刷化,永磁直流发电机的功率不断做大,性能大大提高,是一种很有发展前途的发电机。

永磁式交流同步发电机。其转子上没有励磁绕组,因此没有励磁绕组的铜损耗,发电机的效率高;转子上无集电环,发电机运行更可靠;采用钕铁硼永磁材料制造的发电机体积小,重量轻,制造工艺简便。永磁式交流同步发电机现已广泛应用于小型及微型风力发电系统中。

硅整流自励式交流同步发电机。如图 3－8 所示,硅整流自励式交流同步发电机一般带有励磁调节器,通过自动调节励磁电流的大小,来抵消因风速变化而导致的发电机转速变化对发电机端电压的影响,延长蓄电池的使用寿命,提高供电质量。

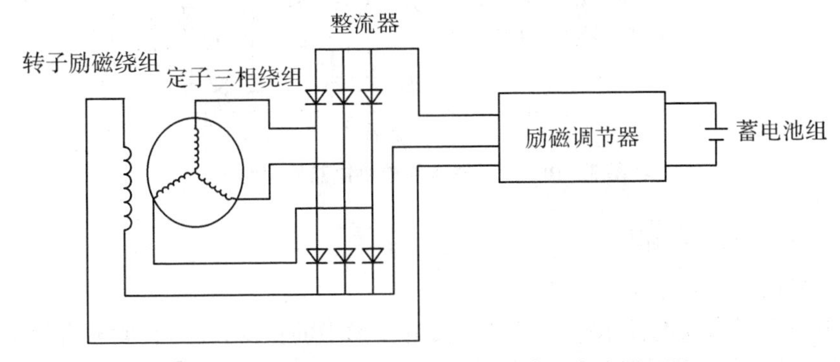

图 3－8　硅整流自励式交流同步发电机电路原理图

电容自励式异步发电机。如图 3-9 所示，电容自励式异步发电机是通过在异步发电机的定子绕组上并联电容器，产生超前于电压的容性电流建立磁场，从而建立电压。

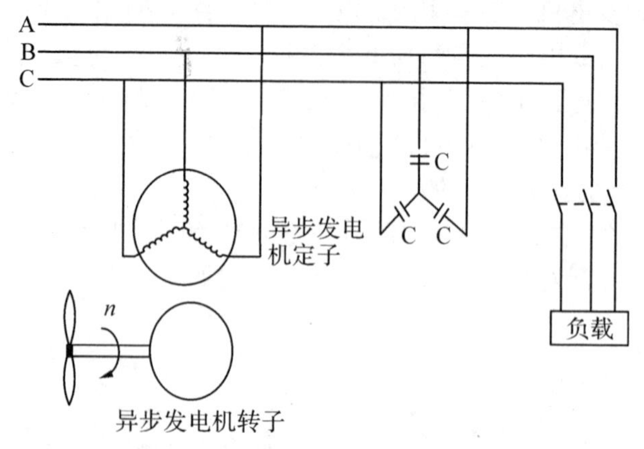

图 3-9　电容自励式异步发电机电路原理图

② 并网运行风力发电机组中的发电机包括以下三类。

异步发电机。异步发电机并入电网运行时，只要发电机转速接近同步转速就可以并网，对机组的调速要求不高，不需要同步设备和整步操作。异步发电机的输出功率与转速近似呈线性关系，可通过转差率来调整负载。

同步发电机。当发电机的转速一定时，同步发电机的频率稳定，电能质量高；同步发电机运行时可通过调节励磁电流来调节功率因数，既能输出有功功率，也可提供无功功率，可使功率因数为 1，因此被电力系统广泛接受。

双馈异步发电机。双馈异步发电机是当前最有发展前途的一种发电机，是由带集电环的绕线转子异步发电机和变频器组成的，变频器有交—交变频器、交—直—交变频器及正弦脉宽调制双向变频器三种，电路原理如图 3-10 所示。

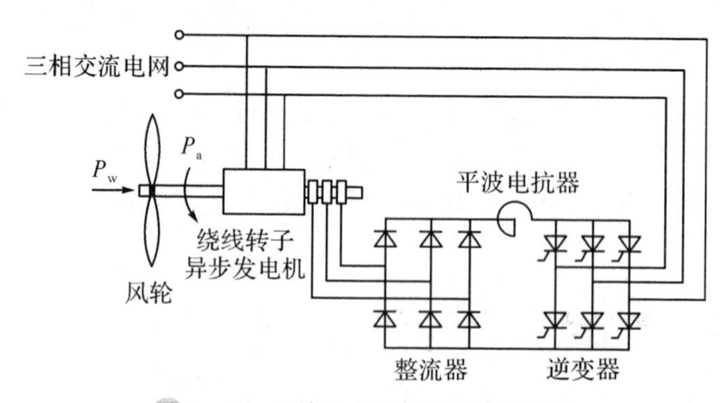

图 3-10　双馈异步发电机电路原理图

4. 风力发电控制技术

(1) 定桨距失速风力发电技术

定桨距失速风力发电技术是现代风力发电技术中的重要技术，它能够有效地利用强风资源，提高风力发电的效率和可靠性。

定桨距失速风力发电技术是通过调整风力发电机组的桨距，使其在强风条件下失速工作，从而实现对风力发电机组的控制。该技术的核心是调整桨距，使得风力发电机组在不同风速下能够保持最佳的工作状态，达到最大的发电效率。

定桨距失速风力发电技术的特点如下。

① 高发电效率。定桨距失速风力发电技术能够根据实际风速自动调整桨距，使风力发电机组在不同风速下始终处于最佳工作状态，从而提高发电效率。

② 自适应性强。定桨距失速风力发电技术能够根据不同的风速条件自动调整桨距，适应不同的风能资源，提高发电可靠性和稳定性。

③ 控制精度高。定桨距失速风力发电技术采用先进的控制系统，能够实时监测风速、风轮转速等参数，并根据预设的控制策略进行调整，使风力发电机组的控制精度更高。

④ 对环境影响小。定桨距失速风力发电技术通过调整桨距来控制发电机组的工作状态，减少了对环境的干扰，减轻了对飞鸟等动物的伤害。

目前，定桨距失速风力发电技术应用较为广泛，适用于各种风力资源条件下的风力发电场，特别是在强风条件下发电效果更好。定桨距失速风力发电技术还可以应用于离岸风电场，由于离岸风电场的风速较大且稳定，采用定桨距失速风力发电技术可以更好地利用风能资源，提高发电效率。

(2) 变桨距风力发电技术

变桨距风力发电机组是指整个叶片绕叶片中心轴旋转，使叶片攻角在一定范围(一般为0°～90°)内变化，以便调节输出功率不超过设计容许值。在机组出现故障时，需要紧急停机，一般应先使叶片顺桨，这样机组结构受力小，可以保证机组运行的安全可靠性。

变桨距叶片一般叶宽小，叶片轻，机头质量比失速机组小，不需很大的刹车，启动性能好。在低空气密度地区仍可达到额定功率，在额定风速之后，输出功率可保持相对稳定，保证较高的发电量。但由于增加了一套变桨距机构，增加了故障发生的概率，而且处理变距机构叶片轴承故障难度大。变距机组比较适于高原空气密度低的地区运行，避免了当失速机安装角确定后，夏季发电不足而冬季又超发的问题。变桨距机组适合于额定风速以上风速较多的地区，发电量的提高比较明显。

变桨系统是安装在轮毂内作为空气制动或通过改变叶片角度(螺距)对机组运行进行功率控制的装置，主要功能如下。

① 变桨功能。即通过精细的角度变化，使叶片向顺桨方向转动，改变叶片转速，实现机组的功率控制，往往是在机组达到额定功率后，进行微调。

② 制动功能。当风力过大，变桨系统将叶片转动到顺桨位置以产生空气制动效果，和轴系的机械制动装置共同作用使机组安全停机。

变桨距控制原理：叶片静止时节距角为90°，桨叶相当为阻尼板；当测量风速在10 min内平均达到启动风速时，桨叶向0°方向转动，直到气流对桨叶产生攻角(45°左右)风轮开始启动。并网前变桨距系统的节距给定值由发电机转速信号控制，转速控制器按一定的速度上升斜率给定速度值，调节节距角，调整发电机转速在同步转速附近以寻找最佳的时机并网。

根据风速的不同可以将控制分为四个阶段和两种控制方式，即并网前的速度控制和并网后的功率控制。

① 低风速(低于风机切入风速),控制系统将发电机和电网断开;风速低于但是接近于切入风速,控制系统将叶片的角度调整到45°,此时的叶片将给予风轮很高的力矩。当风速提高时,风轮的转速以及发电机的转速也相应提高,叶片的角度相应地被控制器调小,直到发电机的并网后,达到最佳的条件。

② 中等风速(高于切入风速,小于额定风速),发电机连接到电网,功率没有达到额定值。风轮高于启动转速而低于额定转速,控制系统确定最佳的风轮转速以及叶片角度(叶片攻角在0°附近),使机械能的吸收率在此风速下达到最大值。

③ 高风速(高于额定风速,低于切出风速),机组发出额定功率的电能。当风速超过额定风速时,系统调大叶片的角度(0°~45°),使功率始终处于额定值。风力发电机组可以超出约10%负荷。

④ 极高的危险风速(高于切出风速),如果风速超过切出风速时,系统将发电机和电网断开,叶片调节到全顺桨位置(约90°),叶片停转。

变桨系统主要分为液压变桨距系统和电动变桨系统两类。

液压(油压)变桨距系统主要由动力源液压泵站、控制阀块、蓄能器与执行机构伺服油缸等组成。优点是传动力矩大、质量小、定位准确、执行机构动态响应速度快,能够快速准确地把叶片调节至预定位置。液压缸的位移由电液比例方向阀进行精确控制。在负载变化不大的情况下,电液比例方向阀的输入电压与液压缸的速度成正比,为进行精确地液压缸位置控制,必须引入液压缸位置检测与反馈控制。

液压泵站核心是液压柱塞泵;控制阀块材质为航空级挤压铝,控制阀块的电液比例方向阀控制液压油缸活塞杆位置的变化;风机中使用的液压油缸主要是结合位移传感器的电液比例方向阀控制伺服液压油缸;蓄能器分为皮囊式蓄能器与活塞式蓄能器。

电动独立变桨距系统由交流伺服系统、伺服电机、后备电源、轮毂主控制器构成。

高风速段的变桨距调节功率非常重要,退桨速度过慢会出现过功率或过电流现象,甚至会烧毁发电机;桨距调节速度过快,不但会出现过调节现象,使输出功率波动加大,而且会缩短变桨机构和变桨轴承的使用寿命,影响发电机的输出功率,使发电量降低。

独立变桨控制可以大大减少风力机叶片负载的波动及转矩的波动,进而减小传动机构。

(3) 主动失速/混合失速风力发电技术

主动失速/混合失速风力发电技术是上述两项技术的合理组合,在低风速下,通过对变桨距技术的应用来提高气动效率,在风机功率达到额定值后,按照与变桨距调节相反的方向对桨距进行改变。该调节方式会改变叶片攻角,使失速现象更加显著,确保功率输出保持平滑。它综合了以上两种控制方法的优势。

(4) 变速风力发电技术

变速风力发电技术是将风力发电机的转速与风速匹配,从而提高风能利用效率的一种技术。具体来说,变速风力发电机通过分析当前风速,控制风机转速,在风速较低时以较低转速工作,风速较高时则以较高转速工作,以保证风能的最大化利用。

变速运行时风机叶轮跟随风速变化改变其选择速度,保持基本恒定的最佳叶尖速比、风能利用系数最大的运行方式。变速风力发电机技术具有低风速时能够根据风速变化在运行中保持最佳叶尖速比获得最大风能，高风速时利用风轮转速变化储存的部分能量以提高传动系统的柔性和使输出功率更加平稳，可以进行动态功率和转矩脉动补偿的优点。

5. 常用的并网风力发电系统

如图 3－11 所示，并网风力发电系统是指风电机组与电网相连，向电网输送有功功率，同时吸收或者发出无功功率的风力发电系统，一般包括风电场/机组、线路、变压器等。并网风力发电机系统按调节方式和运行方式一般可分为恒速恒频、变速恒频两种类型。

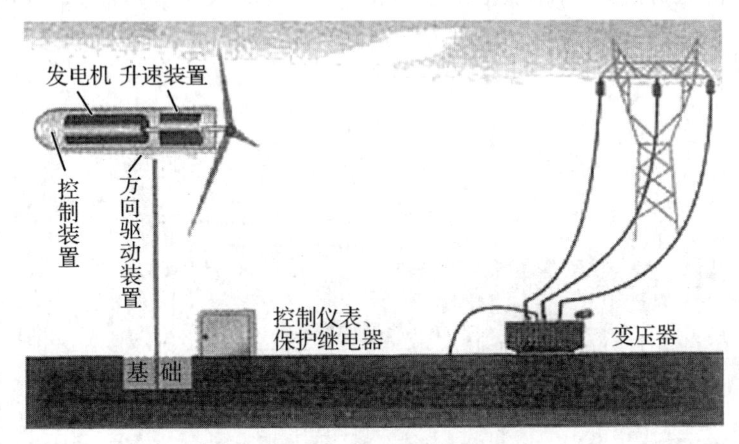

图 3－11　并网风力发电系统示意图

恒速恒频风力发电机组在额定转速附近运行，滑差变化范围很小，发电机输出频率变化也很小，所以称为恒速恒频风力发电机组。变速恒频方式通过控制发电机的转速，能使风力机的叶尖速比接近最佳值，从而最大限度地利用风能，提高风力机的运行效率。恒速恒频和变速恒频风力发电系统的基本结构如图 3－12 所示。

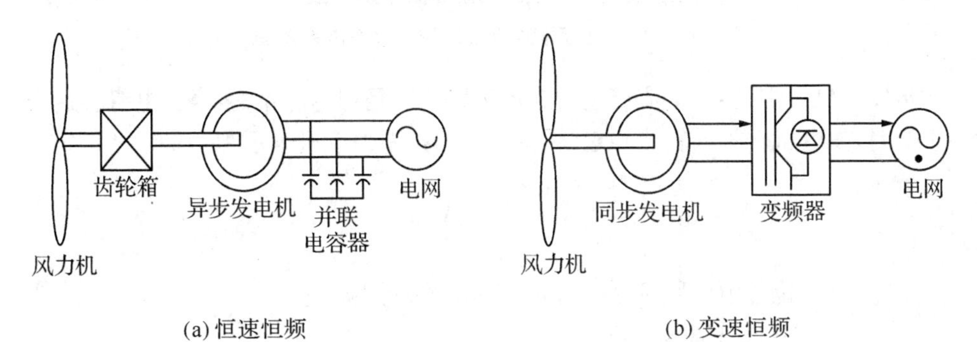

(a) 恒速恒频　　(b) 变速恒频

图 3－12　恒速恒频和变速恒频风力发电系统基本结构

变速恒频风力发电机组由于其转速能随着风速变化而变化，可以保证机组在低风速区域获得最大的风能利用率，其效率比恒速恒频风力发电机组高很多。变速恒频风电机组是目前主流的风力发电机组类型。

变速恒频风力发电机组分为双馈异步风力发电机组、永磁直驱风力发电机组和电励磁同步半直驱风力发电机组。其中，双馈异步风力发电机组是变速恒频风力发电机组中的主流机型。

(1) 变速恒频双馈异步风力发电系统

变速恒频(Variable Speed Constant Frequecy，VSCF)双馈异步风力发电系统主要由风力机、增速齿轮箱、双馈异步发电机(Doubly-fed Induction Generstor，DFIG)、双向变频器和控制单元等组成，如图 3-13 所示。双馈异步发电机的定子绕组接工频电网，转子绕组通过“交—交”“交—直—交”或“矩阵式”双向变频器与工频电网相连，该双向变频器可实现对转子电路的频率、相位、幅值和相序等调节控制。控制系统可采用正弦脉宽调制(Sinusoidal Pulse Width Modulation，SPWM)技术或绝缘栅双极晶体管(Insulated Gate Bipolar Transistor，IGBT)控制技术，可实现四象限运行，变速运行范围一般在同步转速的±35%左右。

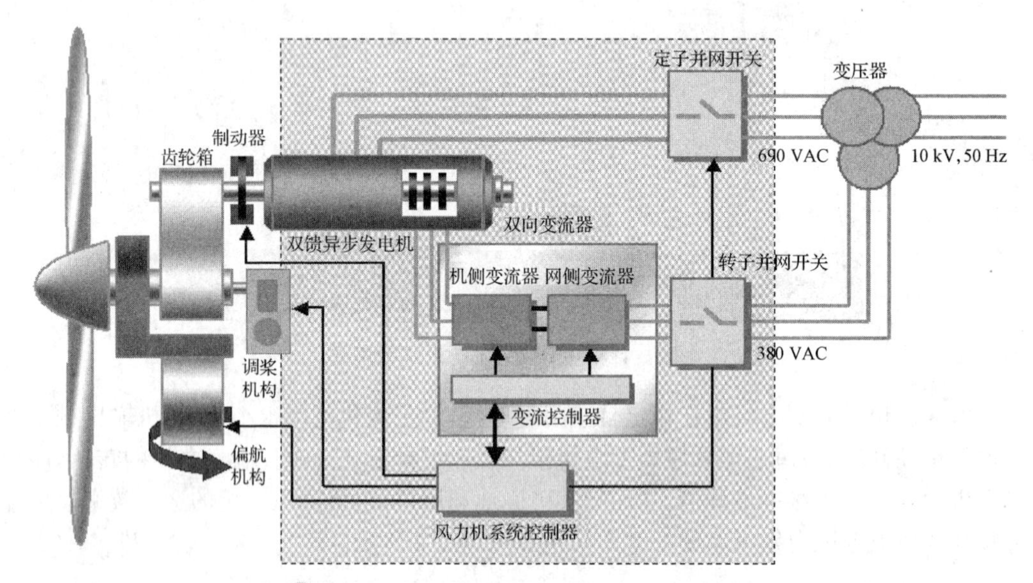

图 3-13 变速恒频双馈异步风力发电系统图

异步发电机中定、转子电流产生的旋转磁场始终是相对静止的，当发电机转速变化而频频不变时，发电机转子的转速和定、转子电流的频率关系可表示为

$$f_1=\frac{p}{60}\cdot n\pm f_2$$

式中：f_1——定子电流频率 $f_1=pn_1/60$，n_1 为同步转速；

p——发电机的极对数；

n——转子的转速(r/min)；

f_2——转子电流的频率(Hz)，也称为转差频率。

根据双馈异步发电机转子转速的变化，双馈异步发电机可以有三种运行状态：

① 亚同步运行状态。此时，$n<n_1$，转差率 $s>0$，转子电流产生的旋转磁场的转速与转子转速同方向，功率流向如图 3-14 所示。

② 超同步运行状态。此时，$n>n_1$，转差率 $s<0$，转子中的电流相序发生了改变，转

子电流产生的旋转磁场的转向与转子转向相反，功率流向如图 3 - 15 所示。

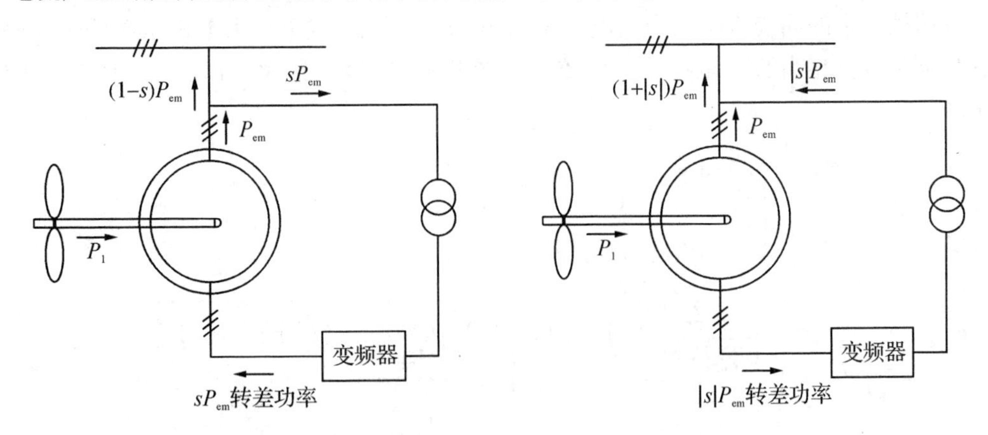

图 3 - 14　亚同步运行状态时的功率流向图　　**图 3 - 15　超同步运行状态时的功率流向图**

当异步电机转子在风力机的拖动下，以高于同步速旋转时，电机运行在发电状态，此时电机从外部吸收无功电流（如由电容提供无功电流），将从风力机获得的机械能转化为电能提供给电网，转差率 $s<0$。

③ 同步运行状态。此时 $n=n_1$，转差率 $s=0$，$f_2=0$，转子中的电流为直流，与同步发电机相同。

双馈异步发电机的转子通过双向变频器与电网连接，可实现功率的双向流动，功率变换器的容量小，成本低；既可以亚同步运行，也可以超同步运行，因此调速范围宽；可跟踪最佳叶尖速，实现最大风能捕获；可对有功功率和无功功率进行控制，提高功率因数；能吸收阵风能量，减小转矩脉动和输出功率的波动，因此电能质量高。

双馈异步发电机的特色如下。

① 大大降低了变频器的成本（电力电子容量只有约 30%的电机容量）和控制难度；

② 定子直接上网，系统具有很强的抗干扰性和稳定性；

③ 通过改变转子电流的相位和幅值来调节有功功率和无功功率。

双馈异步发电机与电网之间的连接是“柔性连接”，经过相应的控制策略（如矢量变换）后双馈异步发电机转子电流中的有功分量和无功分量实现了解耦，通过对发电机转子交流励磁电流的调节与控制来满足并网条件，可以成功地实现并网；同时通过对转子电流中的有功和无功分量的控制，可以很方便地实现功率控制及无功功率的补偿。

双馈异步发电系统的并网特点如下。

① 风力机起动后带动发电机至接近同步转速时，由转子回路中的变频器通过对转子电流的控制实现电压匹配、同步和相位的控制，以便迅速地并入电网，并网时基本上无电流冲击；

② 通过控制转子电流可以保证风力发电机的转速随风速及负载的变化而得到及时调整，从而使风力机运行在最佳叶尖速比下获得最大的风能及较高的系统效率；

③ 双馈异步发电机可通过调节励磁电流的频率、幅值和相位，实现变速运行下的恒频及功率调节。

（2）变速恒频永磁同步直驱风力发电系统

变速恒频永磁同步直驱风力发电系统如图 3-16 所示，发电机为多极永磁同步电机，经过与电机容量相当的背靠背式变流器与系统相连，单机容量大，可以控制无功功率与电压。

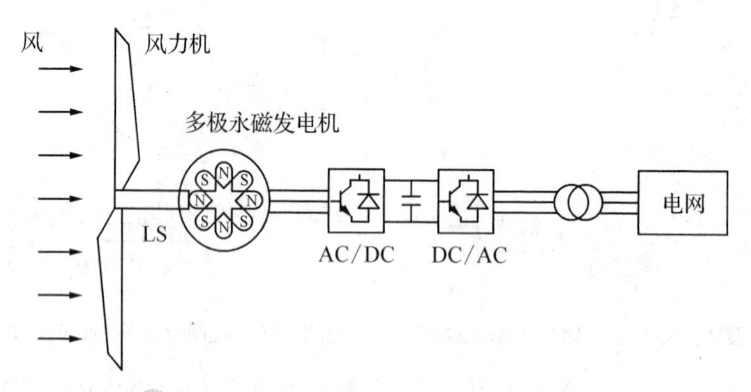

图 3-16　变速恒频永磁直驱风力发电系统图

目前，在变速恒频发电领域中，直驱永磁同步发电机组较受欢迎。永磁同步电机结构简单，没有励磁绕组，节省了电机的用铜量，无电刷，无滑环，消除了转子损耗，运行可靠。直驱永磁同步发电机与风力机直接耦合，省去了变速箱，提高可靠性，减少系统噪声，降低了维护成本，是风电机组发展的一个重要方向。

永磁同步风电系统中，在低于额定风速时，风轮转速根据最大风能获取曲线随风速变化而变化，最大限度地捕获风能，提高发电效率；在等于或高于额定风速时，由于发电机和变频器容量的限制，必须要控制桨距角以限制捕获的风能，使机组的输出功率在额定值附近运行。

由于变频器的解耦控制，使得此种风电机组与电网完全解耦，在定子侧的变频器需要变换发电机所发出的全部功率，对于大容量的风电机组，其变频器的容量显著增加，与其所连接的发电机的容量相同。

6. 风力发电发展趋势

在诸多绿色、清洁、可持续的能源形式中，风能以其建设周期短、发电效率较高等优势异军突起。自 2009 年起，中国风机新增装机容量领跑全球。随着“3060”目标的推进，中国风电行业正迎来前所未有的机遇。

根据全球风能理事会（GWEC）统计，2022 年全球风力发电装机容量新增 77.6 GW。其中，中国新增陆上风电装机容量 44.7 GW，海上风电装机容量 5.1 GW，合计约占全球新增总量的 64.2%。

未来三年，全球新增风电装机容量将保持 15%以上的复合增长率，突破 375 GW，中国风电新增装机容量占全球比重预计将保持在 50%以上，持续引领全球风电增长，如图 3-17 所示。

在国内市场，随着国家补贴的退出，陆上和海上风电分别从 2021、2022 年起逐步迈入平价上网时代。补贴政策调整对风电行业周期性的影响已逐步消除，弃风限装、监管紧缩等因素对风电行业发展的制约减弱，风电市场由政策驱动转变为市场驱动。

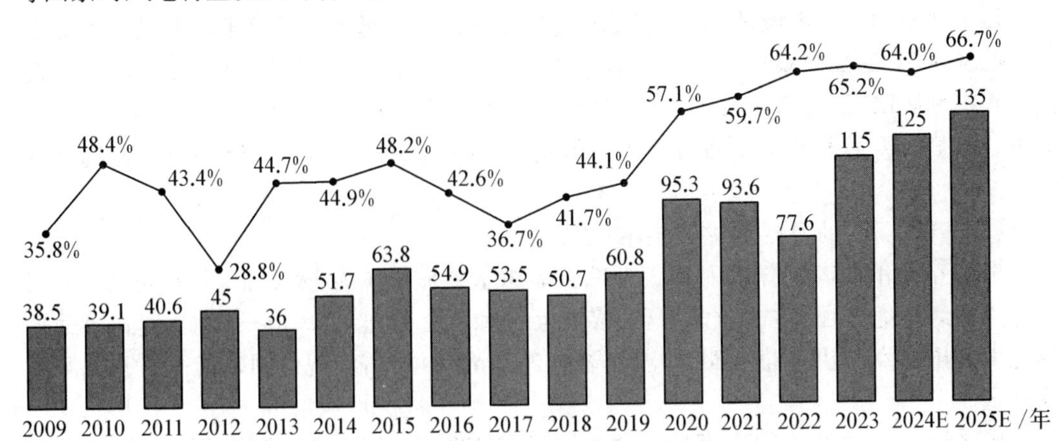

图 3-17　全球新增风电装机容量及中国新增占全球新增比例

风电消纳矛盾在 2019 年之后得到有效缓解，通过市场机制引导新能源开发布局优化、持续深挖大电网的灵活调节潜力等手段，风电弃风率维持历史低位，2022 年风电利用率达到 96.81%，风电行业从周期性增长稳步迈向成长性增长。

平价、竞价市场对企业自身能力也提出了更高的要求，需要企业在产品设计、成本模型、质量等多方面寻找优化空间，适应平价产品的市场需求，扩大竞争优势。

随着技术进步和规模效应的不断提升，风电的平准化度电成本持续下降。根据国际可再生能源署(IRENA)统计，2010 年至 2021 年间，全球陆上风电平均度电成本从 0.102 美元/kW·h 降至 0.033 美元/kW·h，海上风电度电成本从 0.188 美元/kW·h 降至 0.075美元/kW·h，降幅超过 60%。

中国 2022 年陆上风电平均度电成本 0.021 美元/kW·h，已基本实现火电发电侧平价，海上风电平均度电成本 0.045 美元/kW·h，正向平价快速迈进。未来在技术创新、装机规模扩大、全产业链优化等多措并举下，风电度电成本有望继续下降，在可再生能源中的成本优势更为凸显。

① 大容量单机更有利于提升风能资源和土地资源的利用效率，帮助风场开发商和运营商提高发电效率、降低维护成本及减少土地使用量，是未来风电行业发展的必然趋势。根据国际能源署(IEA)的分析，未来风机单机容量将不断增加，预计 2030 年平均单机容量将达到 15 MW～20 MW。

② 全球整机厂商现阶段所采取的技术路线主要集中在双馈机型，具有运输维护成本低、供应链成熟等优势。随着单机大型化、海上风电的逐步兴起，直驱、半直驱机组正逐渐崭露头角。其在发电效率、可靠性、维护成本等方面更具优势，具备更广阔的发展空间。

③ 海陆两栖，新兴模式成未来生力军。

陆上分散式“风电＋”场景：分散式风电不以远距离输电为目的，注重就近接入电网和当地消纳需求。未来可通过“风电＋”模式打造如社区风电和园区风电等多样化应用场景，为当地社区提供清洁能源，实现零碳制造。在政策支持下，分散式风电与乡村振兴等国家战略相结合,可获得进一步发展。

海上风电向深远海域进发:漂浮式风电为加速进军深远海域开辟了新前景。全球已有 202.55 MW 的漂浮式风电项目投运,2023～2025 年将有 530 MW 漂浮式风电项目投运。根据 GWEC 的预测,2026 年将实现漂浮式风电的商业化。预计到 2030 年,漂浮式风电装机规模将显著增长,其中中国新增装机容量将达 400 MW,占全球新增装机容量的 6.4%。

④ 多能互补,助力能源供应与消纳稳定。

多能互补和风储一体化:利用大型综合能源基地形成风能、太阳能、水能、煤炭、天然气等资源组合优势,推进"风光水火储"多能互补和联合外送。"风电＋储能"模式协助平滑电力输出曲线,储能设备辅助风电场调峰、减少弃风电量,实现电网负荷平衡和能源供应稳定。

风电制氢:利用海上风电直接驱动电解过程产生绿色氢能,以分散式风电场搭配制氢、储氢、加氢设施,打造氢能制造一体化产业链,解决当前氢气提取成本高、碳排高的痛点,并服务于下游的运输、制造等产业。

面对风电发展加速期和前景广阔的市场,风电企业需要为平价时代下的行业竞争做好准备。如何在风电市场化新阶段快速抢占高地,成为风电企业的必修课。

二、光伏发电

1. 光伏发电原理

光伏发电系统,是利用半导体材料的光伏效应,将太阳辐射能转化为电能的一种发电系统。光伏发电系统的能量来源于取之不尽、用之不竭的太阳能,这是一种清洁、安全和可再生的能源。光伏发电过程不污染环境,不破坏生态。

如图 3－17 所示,在半导体中掺入施主杂质,其将成为 N 型半导体;掺入受主杂质,其将成为 P 型半导体,当 P 型半导体和 N 型半导体共处一体时,他们的交接层就是 PN 结。光伏电池是以半导体 PN 结上接受光照产生光生伏打效应为基础,直接将光能转换成电能的能量转换器。

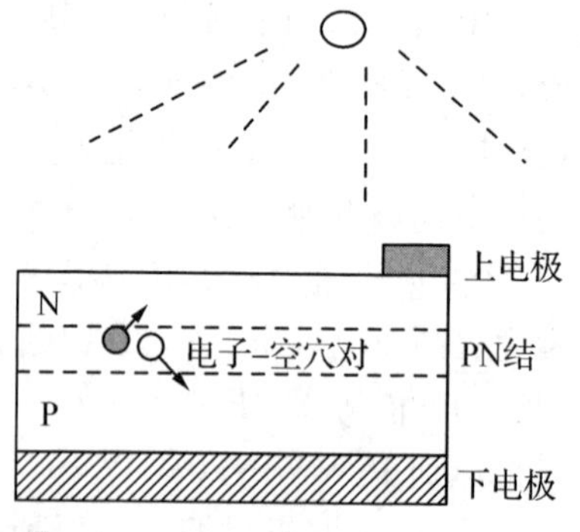

图 3－17　光伏电池受光照产生伏打效应示意图

太阳辐射的光子带有能量,当光子照射半导体材料时光能转换为电能。光伏发电系统一般由太阳能电池板、太阳能控制器、蓄电池、逆变器等组成。发电时,太阳能通过光伏效应由太阳能电池板上的光子转换为直流电,供直流负荷使用或蓄电池组进行储存。当负荷为直流负荷,电能直接供负荷使用;当负荷为交流负荷,电能利用逆变器转化为交流电送用户或电网。

2. 光伏发电系统分类

太阳能光伏发电系统按与电力系统的关系可分为两大类:独立光伏发电系统和并网光伏发电系统。

（1）独立光伏发电系统

独立光伏发电系统由太阳能光伏阵列、蓄电池组、充电控制器、电力电子变换器（逆变器）、负载等组成。其工作原理是：太阳辐射能量经过光伏阵列首先被转换成电能，然后由电力电子变换器变换后给负载供电，同时将多余的电能经过充电控制器后以化学能的形式储存在储能装置中。这样在日照不足时，储存在电池中的能量就可经过电力电子逆变器、滤波和工频变压器升压后变成交流 220 V、50 Hz 的电能供交流负载使用。太阳能发电的特点是白天发电，而负载往往却是全天候用电，因此在独立光伏发电系统中储能元件必不可少，工程上使用的储能元件主要是蓄电池。

（2）并网光伏发电系统

并网光伏发电系统由光伏阵列、高频 AC/DC 升压电路、电力电子变换器（逆变器）和系统监控部分组成。其工作原理是，太阳辐射能量经过光伏阵列转换后，再经高频直流变换后变成高压直流电，然后经过电力电子逆变器逆变后向电网输出与电网电压相频一致的正弦交流电流。

3. 分布式光伏发电系统

目前应用最为广泛的分布式光伏发电系统，是建在城市建筑物屋顶的光伏发电项目。基本工作原理如图 3－18 所示。

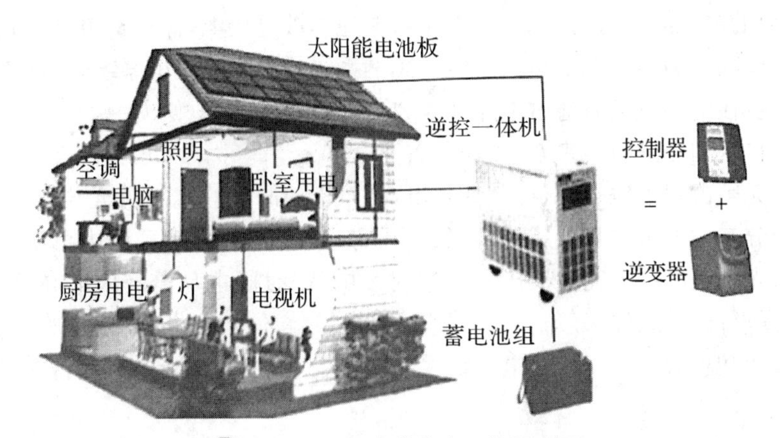

图 3－18　屋顶光伏发电工作原理图

分布式光伏发电系统的基本设备包括光伏电池组件、光伏阵列支架、直流汇流箱、直流配电柜、并网逆变器、交流配电柜等设备，另外还有供电系统监控装置和环境监测装置。其运行模式是在有太阳辐射的条件下，光伏发电系统的太阳能电池组件阵列将太阳能转换输出的电能，经过直流汇流箱集中送入直流配电柜，由并网逆变器逆变成交流电供给建筑自身负载，多余或不足的电力通过连接电网来调节。

光伏屋顶系统分为两个大类：并网光伏屋顶系统与离网光伏屋顶系统。

如图 3－19 所示，并网光伏屋顶系统由光伏组件、并网逆变器、控制装置组成。光伏组件将太阳能转化为直流电能，通过并网逆变电源将直流电能转化为与电网同频同相的交流电能供给负载使用并馈入电网。国家目前大力扶持并网发电，自发自用、多余的电可以卖给国家。离网并不享受这些优惠。

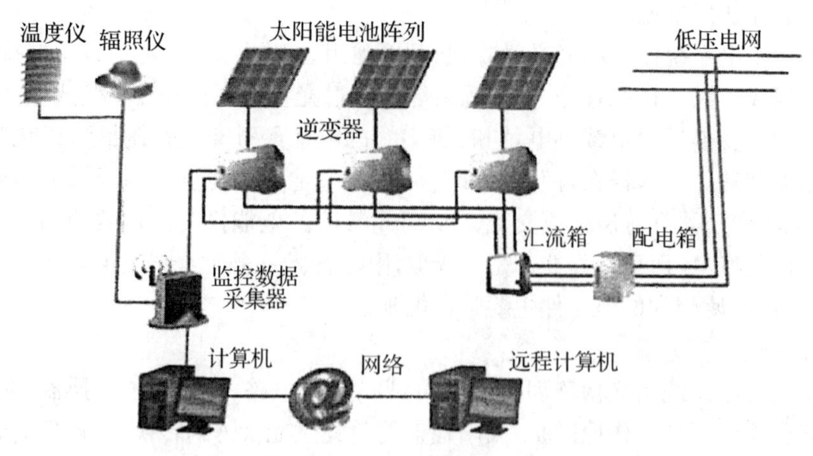

图 3-19 并网光伏屋顶系统

离网光伏屋顶系统由光伏组件、逆变器、控制装置、蓄电池组成。以光伏电池板为发电部件，控制器对所发的电能进行调节和控制，一方面把调整后的能量送往直流负载或交流负载，另一方面把多余的能量送往蓄电池组存储，当所发的电不能满足负载需要时，控制器又把蓄电池的电能送往负载。蓄电池充满电后，控制器要控制蓄电池不被过充。当蓄电池所存储的电能放完时，控制器要控制蓄电池不被过放电，保护蓄电池。蓄电池可以储能，以便在夜间或阴雨天保证负载用电。离网系统是独立的供电系统，其特点是必须使用蓄电池储能，在电能不足时通过电路切换，将负载切换由市电供电。

从建筑、技术和经济角度来看，太阳能光伏建筑有诸多优点：可以有效地利用建筑物屋顶和幕墙，无须占用土地资源，可就地发电，这对土地昂贵的城市建筑尤其重要；由于是直供电，屋顶分布式电站未来会成为售电公司的首选，在一定距离范围内可以节省电站送电网的投资；光伏发电系统在白天阳光照射时发电，该时段也是电网用电高峰期，从而舒缓高峰电力需求；光伏组件一般安装在建筑的屋顶及墙的南立面上直接吸收太阳能，可降低墙面及屋顶的温升；并网光伏发电系统没有噪声、没有污染物排放，不消耗任何燃料，绿色环保。

光伏发电存在以下发展障碍：屋顶分布式电站往往会因产权不清晰，而不容易获得金融支持；屋顶分布式电站的安装、接入方式相对复杂；在结算关系上，存在屋顶业主、投资方和电网三方关系，业主有违约风险等。

4. 光伏并网的相关标准及要求

(1)《光伏发电站接入电力系统技术规定》(GB 19964—2012)

适用范围：

通过 35 kV 及以上电压等级并网，以及通过 10 kV 电压等级与公共电网连接的新建、改建和扩建的光伏电站。

要求：

① 有功调节能力：调峰、调频、有功功率变化率、紧急控制能力；

② 功率预测能力：预测曲线上报、预测准确度；

③ 提供无功电源：并网逆变器在超前0.95～滞后0.95之间动态可调，不满足系统调压要求时需另加装无功补偿装置；

④ 低电压穿越能力如图3-20所示；

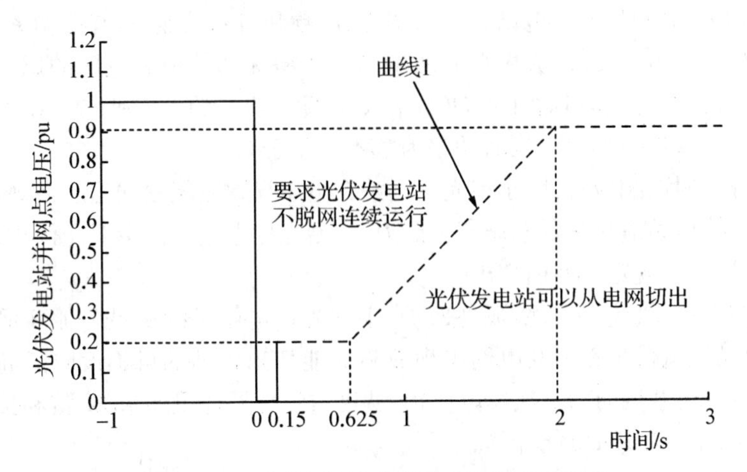

图3-20　电站型逆变器低电压耐受能力要求

⑤ 电压控制能力：110 kV 97%～107%、220 kV 100%～110%；

⑥ 运行适应性：电压范围、电能质量范围、频率范围等；

⑦ 电气二次继电保护及通讯、调度自动化要求；

⑧ 并网检测：运行特性检测；电能质量检测；有功、无功控制能力检测；低电压穿越能力检测；电压、频率适应能力检测。

(2)《光伏系统并网技术要求》(GB/T 19939—2005)

适用范围：

通过逆变器以低压方式与电网连接的光伏系统，光伏系统以中高压并网的相关部分也可参照。

要求：

① 电压范围：三相电压：93%～107%、单相电压：90%～107%；

② 频率范围：49.5 Hz～50.5 Hz；

③ 谐波和波形畸变率要求；

④ 功率因数要求：逆变器输出功率大于50%时平均功率因数不低于0.9；

⑤ 电压不平衡率：允许值2%，短时4%；

⑥ 直流分量要求：逆变器输出不超过额定的1%；

⑦ 安全与保护：过/欠压；过/欠频率；防孤岛；防雷和接地；短路保护；逆向功率保护(不允许逆流上网时)。

(3)《光伏电站接入电网技术规定》(Q/GDW 617—2011)

适用范围：

接入380 V及以上电压等级电网的新建或扩建并网光伏电站，包括有隔离变压器和无隔离变压器连接方式，不适用于离网光伏电站。

要求：

① 电能质量：在谐波、电压偏差、电压波动、闪变及电压不平衡等方面满足 GB/T 14549、GB/T 24337、GB/T 12325、GB/T 12326、GB/T 15543 的要求。

② 有功功率：大中型光伏电站有参与调峰、调频和备用的能力，有功功率变化限值。

③ 无功功率及电压要求：大中型光伏电站应具备无功功率和电压的调节能力，小型光伏电站可不具备该能力，其输出有功功率大于额定功率的 50%时功率因数不应小于 0.98，输出有功功率在 20%～50%时功率因数不应小于 0.95。

④ 电网异常时的响应特性：小型光伏电站在电压异常时能根据程度在规定的时间内切出，大中型光伏电站应具备低电压穿越能力；小型光伏电站和大中型光伏电站应能在不同频率异常情况下在规定时间内切出。

⑤ 安全与保护：过流保护；防孤岛保护，小型光伏电站必须满足防孤岛保护的要求，大中型光伏电站继电保护在公共电网出现故障时能切出电站的可不设防孤岛保护；逆功率保护(不允许逆流并网时)；二次继电保护、调度自动化及通讯要求；防雷和接地；电磁兼容；耐压要求；抗干扰要求；电能计量。

⑥ 系统检测：光伏电站并网运行 6 个月内向电网公司提供电站运行特性检测报告；电能质量测试；有功输出特性测试；有功、无功控制特性测试；电压和频率异常时的响应特性测试；安全与保护功能测试；通用技术条件测试。

5. 光伏并网接入的形式

光伏并网接入的形式主要有三种：

专线接入公共电网：适用于 35 kV 及以上送出电压等级的大中型光伏电站；

T 接于公共电网：适用于 10 kV 送出的中型光伏电站；

通过用户内部电网接入公共电网：适用于 10 kV 及以下送出电压等级的中小型光伏电站。

(1) 分布式光伏电站的接入形式

① 单点接入

a. 公共电网变电站 10 kV 母线接入，如图 3－21 所示。

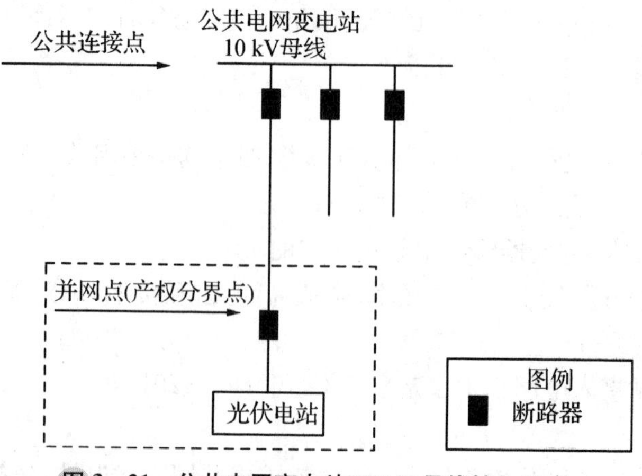

图 3－21　公共电网变电站 10 kV 母线接入示意

b. 公共电网 10 kV 开关站、配电室或箱变接入，如图 3 - 22 所示。

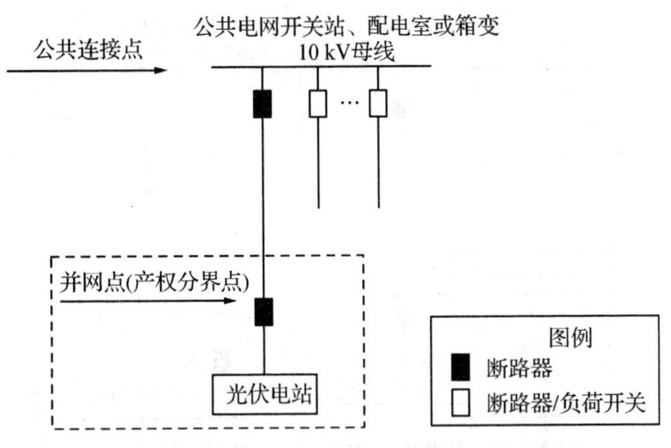

图 3 - 22　公共电网 10 kV 开关站、配电室或箱变接入示意

c. T 接于公共电网 10 kV 线路接入，如图 3 - 23 所示。

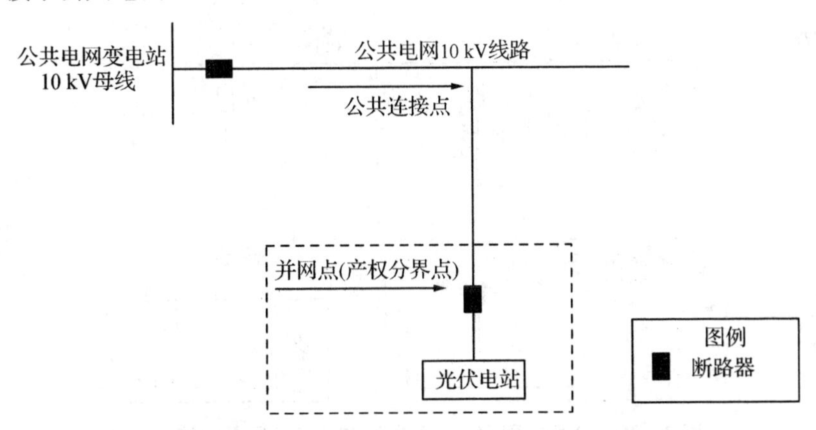

图 3 - 23　T 接于公共电网 10 kV 线路接入示意

d. 用户 10 kV 母线接入，如图 3 - 24 所示。

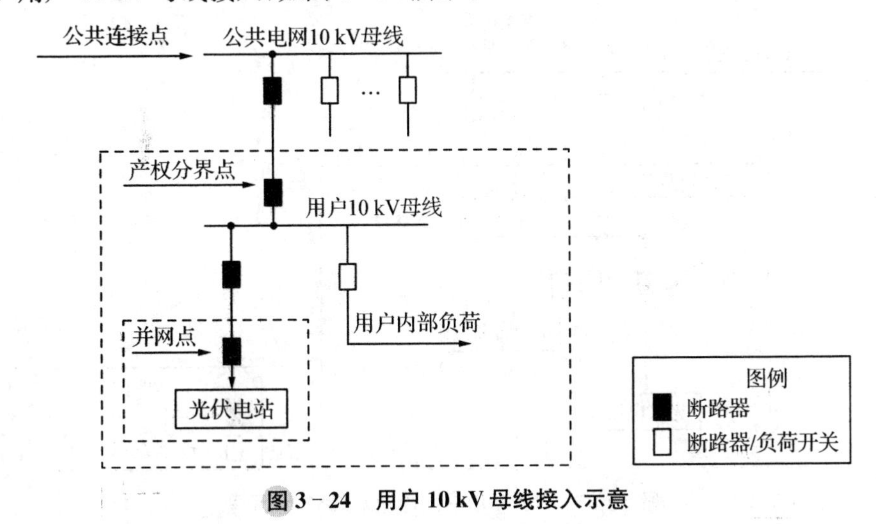

图 3 - 24　用户 10 kV 母线接入示意

e. 公共电网 380 V 配电箱/线路接入，如图 3－25 所示。

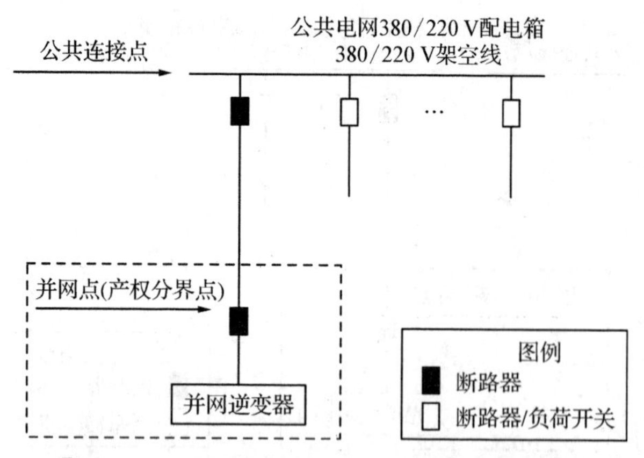

图 3－25　公共电网 380 V 配电箱/线路接入示意

f. 公共电网 380 V 配电室或箱变低压母线接入，如图 3－26 所示。

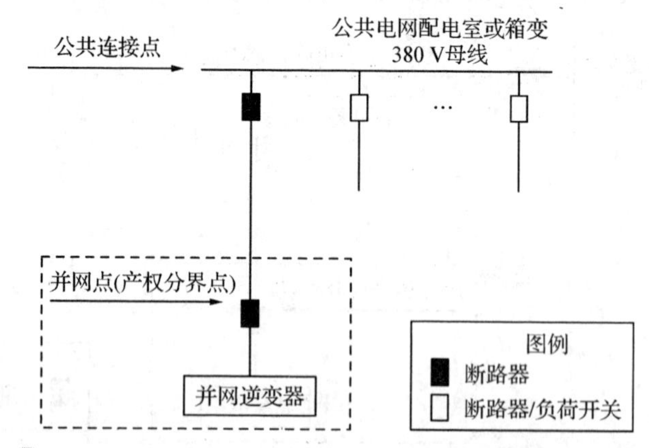

图 3－26　公共电网 380 V 配电箱或箱变低压母线接入示意

g. 380 V 用户配电箱/线路接入，如图 3－27 所示。

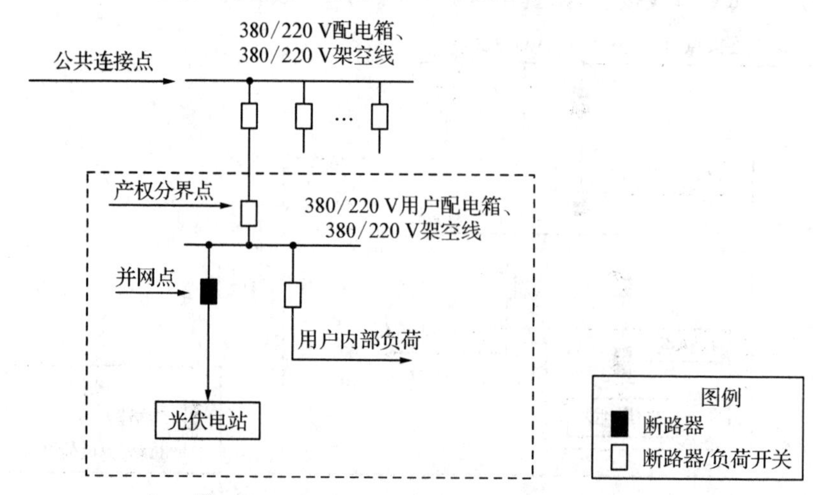

图 3－27　380 V 用户配电箱/线路接入示意

h. 380 V 箱变低压母线接入，如图 3－28 所示。

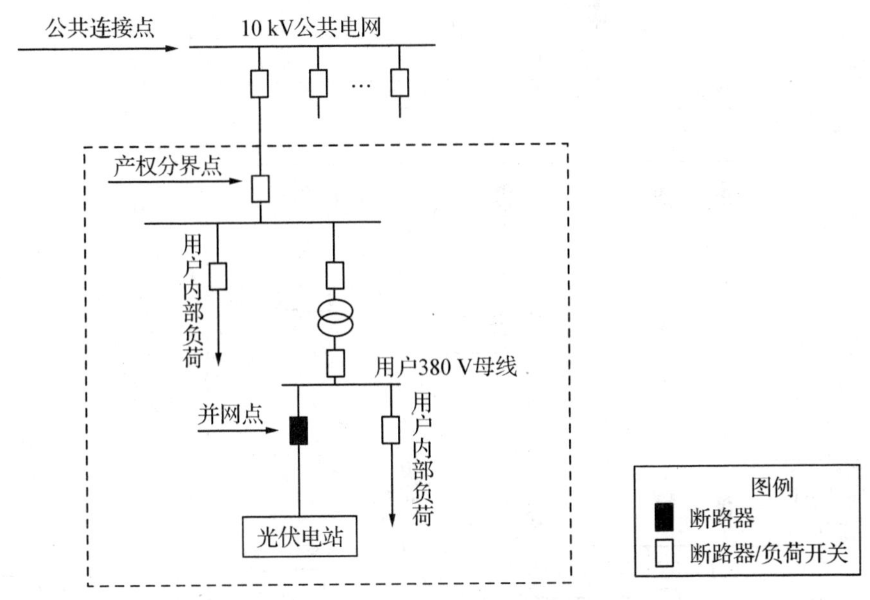

图 3－28　380 V 箱变低压母线接入示意

② 组合接入

a. 多点接入 380 V/220 V 用户配电箱/线路/配电室或箱变低压母线，如图 3－29 所示。

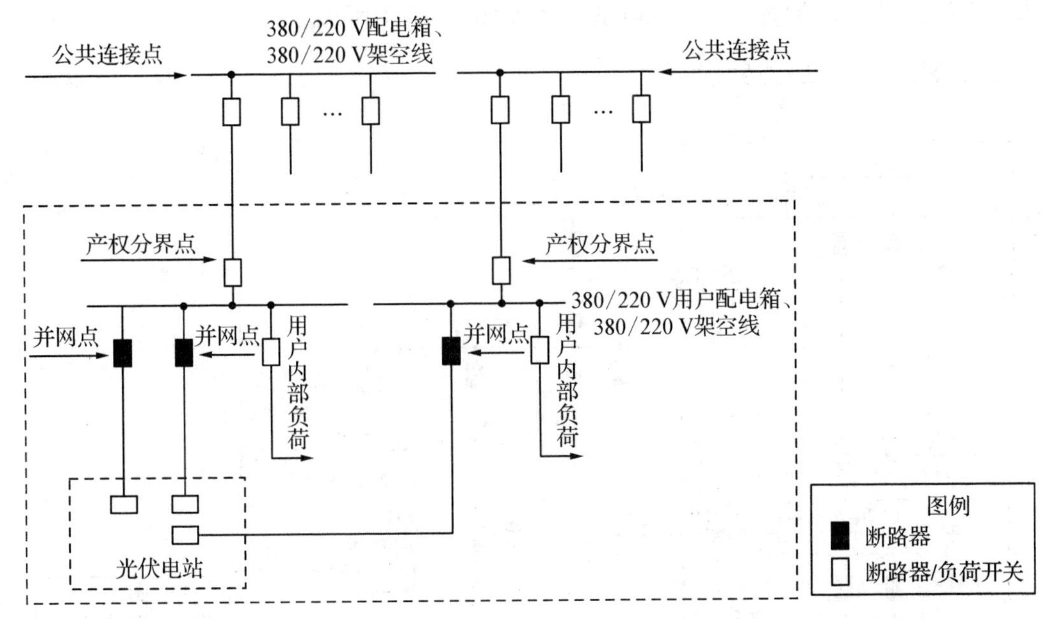

图 3－29　多点接入 380 V/220 V 用户配电箱/线路/配电室或箱变低压母线示意

b. 多点接入用户 10 kV 开关站/配电室/箱变，如图 3－30 所示。

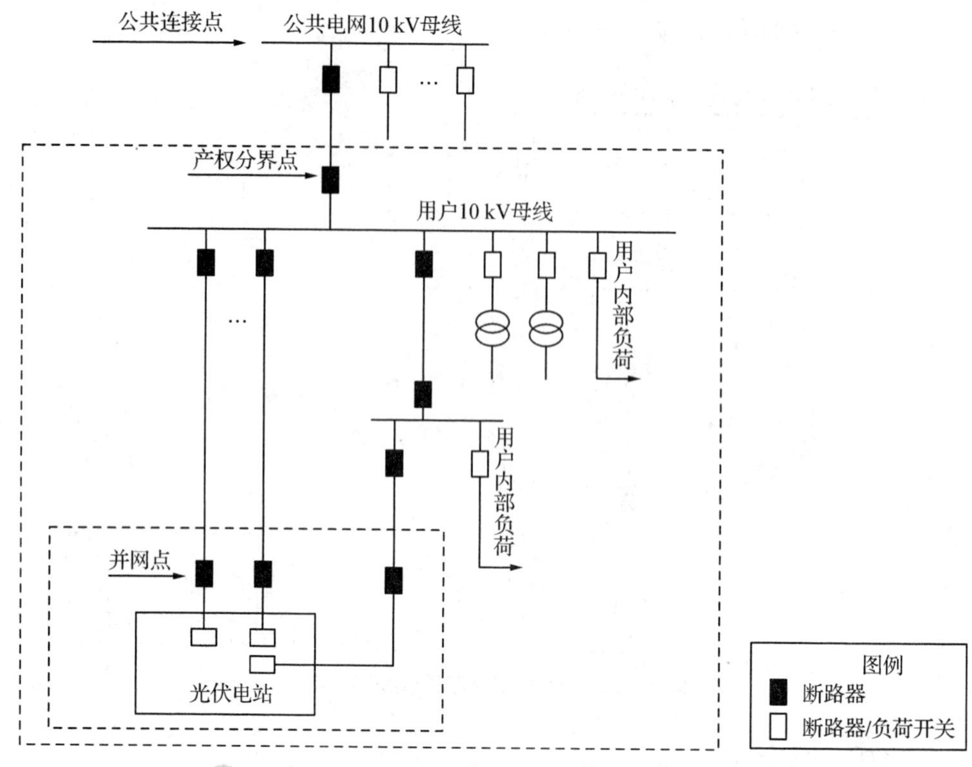

图 3-30　多点接入用户 10 kV 开关站配电室/箱变示意

c. 以 380 V 一点或多点接入用户配电箱/线路/配电室/箱变低压母线，以 10 kV 一点或多点接入用户 10 kV 开关站/配电室/箱变，如图 3-31 所示。

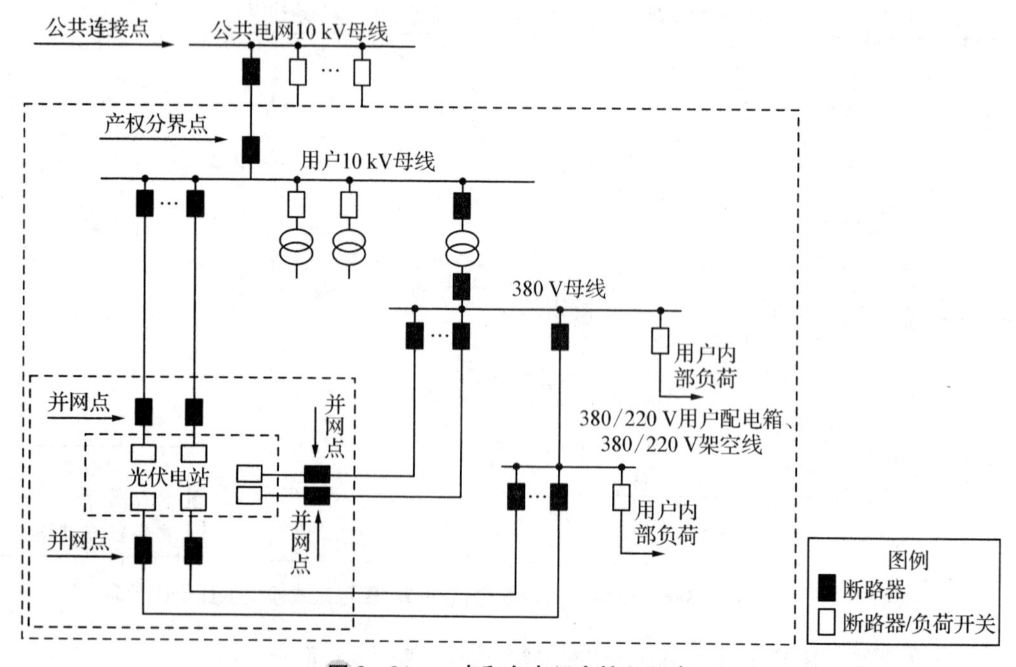

图 3-31　一点和多点组合接入示意

d. 多点接入公共电网 380 V/220 V 配电箱/线路/箱变/配电室低压母线，如图 3－32 所示。

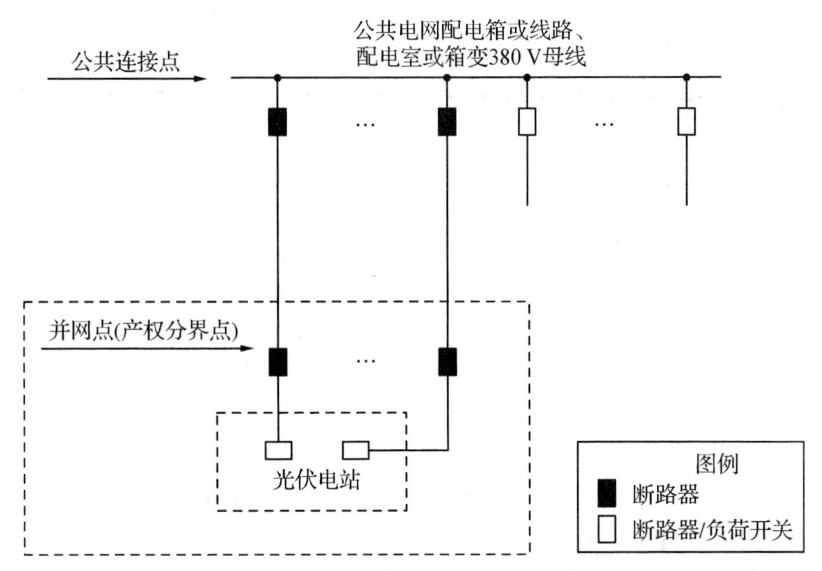

图 3－32　多点接入公共电网 380 V/220 V 配电箱/线路/箱变/配电室低压母线示意

(2) 光伏并网接入点的选择

① 送出电压等级的选择

影响光伏电站送出电压等级选择的因素有：光伏电站的装机容量、光伏电站上网输送距离、未来光伏电站扩容情况、光伏电站周边公共电网情况。

考虑到光伏电站的经济性，送出距离一般不会超过 20 km，因此影响送出电压等级选择的重要因素为光伏电站的装机容量，常见的对应关系如下。

8 kW 及以下——220 V(分布式单点接入)；

300 kW 以下——400 V(分布式单点接入)；

300 kW～6 MW——10 kV(分布式单点接入)；

6 MW～30 MW——35 kV；

30 MW～100 MW——110 kV；

100 MW 以上——220 kV 及以上。

② 专线接入光伏电站对端接入间隔的选择

了解光伏电站所在地电网情况(电网接线图)；了解光伏电站周围已建、在建及扩建变电站、汇流站及开关站的数量、距离、各个站的可接入容量；尽量选择送出距离最近的且有相应光伏电站送出电压等级的变电站、汇流站或开关站作为预期接入点；考察预期接入点相应送出电压等级备用间隔的数量，可否使用，如没有或不能使用，则需确定是否有扩建的可能性实现接入且不会超出该变电站、汇流站或开关站的可接入容量；了解从光伏电站到预期接入间隔之间线路路径的地形地貌(河流、山川、沟壑、土质等)、沿线跨越情况(河流、高速公路、铁路、桥梁、其他电力线路等)。综合考虑上述因素配合设计院选取技术可行，经济可靠的接入方案。

③ 分布式光伏电站用户侧接入点的选择

收集用户配电系统接线图；用户变压器的数量、额定容量、负载率、负载性质等；了解用户的用电特点和负荷情况：连续工作制的设备或生产线、短时或周期性的用电设备、季节性的用电设备、空调负荷统计；根据负荷预测和配电系统结构确定接入方案，如有大量余电上网情况可采取低压、中压组合方案接入，减少上网电量的损耗，优化接入方案。

6. 光伏发电发展趋势

近年来，随着我国光伏发电行业技术水平日渐成熟并不断革新，光伏发电成本显著下降，行业逐渐进入平价上网时代。数据显示，2023 年 1～8 月，中国光伏发电装机容量 50 541 万千瓦，同比增长 44.4%。光伏发电新增装机容量 11 316 万千瓦，同比增加 6 869 万千瓦。

（1）技术趋势

① 提高光电转化效率。目前太阳能电池的光电转化效率已经达到 20%以上，但仍有提升空间。未来的技术发展将致力于提高太阳能电池的光电转化效率，通过材料、结构和工艺等方面的创新，进一步提高光伏系统的发电效率。

② 发展新型太阳能电池技术。除了传统的硅基太阳能电池，未来的光伏技术将发展更多的新型太阳能电池技术，如钙钛矿太阳能电池、有机太阳能电池和柔性太阳能电池等。这些新型太阳能电池具有更高的光电转化效率、更低的成本和更广泛的应用领域。

③ 发展光伏系统集成技术。光伏系统集成技术是指将太阳能电池与其他组件（如逆变器、储能系统等）进行集成，形成完整的光伏发电系统。未来的光伏技术将更加注重光伏系统的智能化、高效化和可靠性，通过集成技术提高光伏系统的整体性能和运行效率。

④ 数字技术推动分布式光伏创新。受益于云平台、大数据、物联网等数字技术的发展，光伏企业可以凭数字技术驱动实现能源数字化转型和创新。在数字技术与光伏产业的结合下，光伏领域出现了智慧能源系统、智能运维平台、光伏电站清扫机器人、无人机智能巡检系统等智能软件系统或硬件设备。上述光伏产业的数字化应用可实现电站建设效率提升、电站运行可视化、电站运维人力缩减等效果，从而全方位降低光伏发电度电成本。光伏数字化是未来光伏行业发展的重要趋势，也是光伏行业的重要机遇。

（2）市场趋势

① 光伏发电成本持续下降。随着技术的进步和规模效应的发挥，光伏发电的成本不断下降。未来，光伏发电的成本将继续降低，与传统能源相比有更强的竞争力，逐渐成为主流的能源形式。

② 光伏发电规模化应用。随着光伏技术的成熟和发展，光伏发电将逐渐实现规模化应用。大型光伏电站和分布式光伏发电系统将成为未来光伏市场的主要发展方向，为市场提供更多的清洁能源。

③ 光伏产业国际化竞争加剧。随着全球光伏市场的扩大，光伏产业国际化竞争将进

一步加剧。中国作为全球最大的光伏制造国和光伏市场，将继续发挥领导作用，但其他国家也在加大光伏产业的发展力度，最终形成全球光伏市场的竞争格局。

(3) 政策趋势

① 政府支持政策的持续推动。各国政府将继续出台支持光伏发展的政策，如补贴政策、税收优惠和市场准入等，以推动光伏产业的发展和普及。同时，政府还将加大对光伏技术研发和示范项目的支持力度，推动光伏技术的创新和应用。

② 绿色金融的兴起。绿色金融是指以环境保护和可持续发展为导向的金融活动。未来，光伏产业将受益于绿色金融的兴起，通过绿色债券、绿色信贷和绿色投资等方式，获得更多的金融支持和资金投入。

③ 国际合作与标准化。光伏产业的发展需要国际合作和标准化的支持。各国将加强合作，共同推动光伏产业的发展和技术的标准化，促进光伏技术的交流和应用。

第二节　储能资源

由于风能、太阳能、海洋能等多种新能源发电受到气候和天气影响，发电功率难以保证平稳，而电力系统要求是供需一致，即电能消耗和发电量相等，一旦这一平衡遭到破坏，轻则导致电能质量恶化，造成频率和电压不稳，重则引发停电事故。为了解决这一问题，在风力发电、太阳能光伏发电等新能源发电系统中都配备有储能装置，在电力充沛时，可以储存多余电力，在发电量不足时将之释放出来以满足负荷需求。

一、储能的分类及作用

1. 储能的分类

广义上，储能可分为电储能、热储能和氢储能三类，其中电储能是目前最主要的储能形式。电储能中，根据储存的原理不同可以分为物理储能、电化学储能、电磁储能三类。其中，物理储能是目前最为成熟、成本最低、使用规模最大的储能方式，电磁储能由于充放电速度快等明显优势同样具有极大发展潜力，但目前技术还不够成熟。电化学储能是应用范围最为广泛、发展潜力最大的储能技术。目前在多种类型的储能技术中，以抽水蓄能、电化学储能应用最为广泛，如图 3-33 所示。

2. 储能的作用

储能在智能电网中的应用，能够提高电网运行控制的灵活性和可靠性，有利于系统的安全稳定运行，主要体现在以下四个方面。

① 调峰方面。分布式发电的发展增大了电网的调峰难度，这些电源主要分布在重负荷区，对缺少足够调峰电源的电网提出了更大挑战。而规模化可再生能源渗透率的提高，对电网的调峰带来了更大的压力。因此，利用储能进行调峰，配电容量会大幅度减小，大大节省电力装备的建设投资，并减少增容费用。再者，根据峰谷平的电价差，在电网谷值电价较低

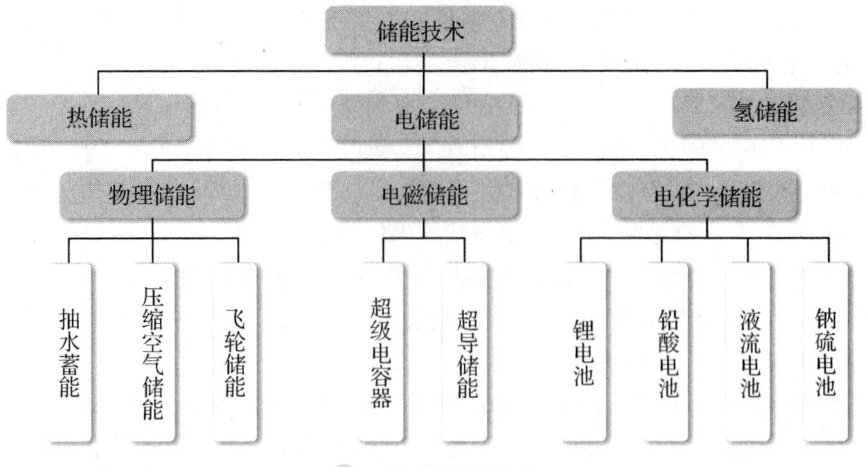

图 3－33　储能形式

时，利用储能向电网购电，待峰值电价较高时，再向电网卖电，可以减少工商业和家庭等的用电费用，也能缓解电网峰谷时的电量供需紧张问题，也能够实现一定程度的收益。

② 调频方面。由于可再生能源出力的随机性和波动性，其出力无法与负荷特性相契合，有时甚至相背离，使得储能的快速响应性能天然具备调频能力，而其充放电特点使储能既可以是电源，也可以是负荷，因此相当于具有两倍于自身容量的调节能力，非常适合应用于系统调频领域。再者，相对于燃煤机组，储能作为一种更为快速、更为准确的调频资源，可以大大改善电网吸纳可再生能源的能力，提高传统发电机组的运行效率，而且通过合理的投资回报机制实现商业化。储能资源已在一些发达国家获得应用。

③ 改善电能质量方面。大量分布式电源的并网，对电网的电能质量有较严重的不良影响，而配电网自身的非线性特性使该问题越来越严重。利用储能对电网中的有功和无功功率进行补偿，可以有效改善分布式电源并网和电网自身的电能质量。

④ 提高系统稳定性与可靠性方面。通过合理地配置和控制储能，可以提高系统在扰动作用下的动态性能以及应对动态冲击的能力，实现瞬时能量平衡，进而提高可再生能源发电可靠性及其在电网中的容量可信度。对于不可预期的大扰动，储能的快速响应性能可以使系统能够快速从紧急状态恢复到正常运行状态，尽可能地减少扰动对系统可靠性的影响，并能为电网提供紧急功率支持。当配电网故障时，储能可以作为负荷的应急电源，保证负荷的持续可靠供电，并可以支持电网黑启动。

二、储能的原理

1. 物理储能

(1) 抽水蓄能

这是应用历史最长的储能方式，也是规模可以很大的储能方式。抽水蓄能是利用水作为储能介质，通过电能与重力势能相互转化，实现电能的储存和管理。利用电力负荷低谷时的电能将水由低位抽到高位的水库，在电力负荷高峰期再将高位水库的水泄放至低位水库发电。可将电网负荷低时的多余电能，转变为电网高峰时期的高价值电能。抽水蓄能电站按建设类型可分为纯抽水蓄能电站和混合式抽水蓄能电站。

纯抽水蓄能电站没有或只有少量的天然来水进入高位水库(以补充蒸发、渗漏损失)。厂房内安装抽水蓄能机组,主要功能是完成调峰填谷、承担系统事故备用等任务,而不承担常规发电和综合利用等任务。

混合式抽水蓄能电站的高位水库具有天然径流汇入,来水流量已达到能安装常规水轮发电机组来承担系统的负荷。厂房内所安装的机组,一部分是常规水轮发电机组,另一部分是抽水蓄能机组。相应地,这类电站的发电量也由两部分构成,一部分为抽水蓄能发电量,另一部分为天然径流发电量。所以混合式抽水蓄能电站除了可以调峰填谷和承担系统事故备用外,还能实现常规发电和满足综合利用的功能。

如图 3-34 所示,抽水蓄能的工作原理是将水的重力势能转化为机组运转的机械能,再将机械能转化为电能,能量转化效率为 70%～80%。抽水蓄能电站具有抽水和发电两种基本功能,利用电力负荷低谷时的电能抽水至高位水库,在电力负荷高峰期再放水至低位水库。抽水蓄能是目前唯一具有规模性和经济性的电能贮存形式、是解决电网调峰调频及事故备用的最成熟工具,加快发展抽水蓄能是可再生能源大规模发展的重要保障和构建以新能源为主体的新型电力系统的迫切要求。

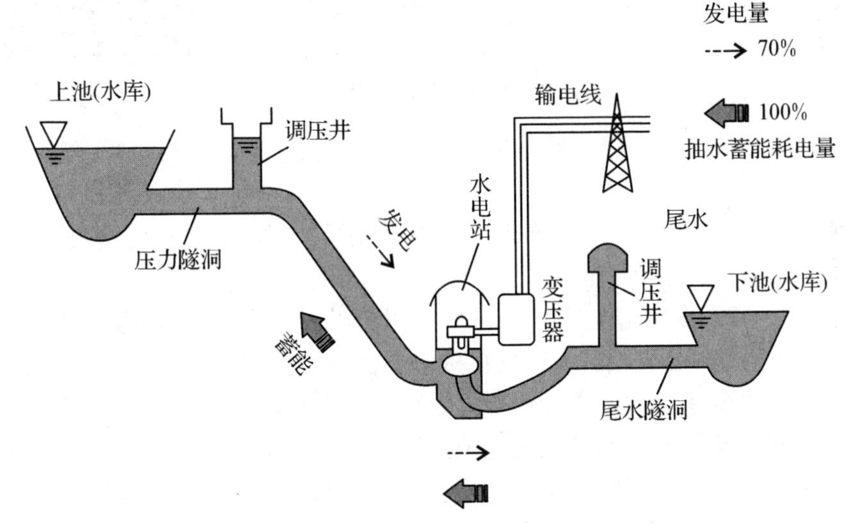

图 3-34　抽水蓄能工作原理示意图

(2) 压缩空气储能

压缩空气储能,主要是在电网负荷低谷时将富余电能用于驱动空气压缩机压缩空气,将空气高压密封在山洞、报废矿井、过期油气井、沉降的海底储气罐或地面储气罐中,在电网负荷高峰期释放压缩空气推动燃气轮机发电的储能方式。压缩空气储能的能源转化效率较高,一般约为 75%,如果再配合先进技术(如超导热管技术等),其效率能进一步提升至 80%以上。储能系统示意如图 3-35 所示。

国内压缩空气储能技术不断进步,压缩空气储能(CAES)、先进绝热压缩空气储能(AA-CAES)、超临界压缩空气储能系统(SC-CAES)、液态压缩空气(LAES)等都有研究

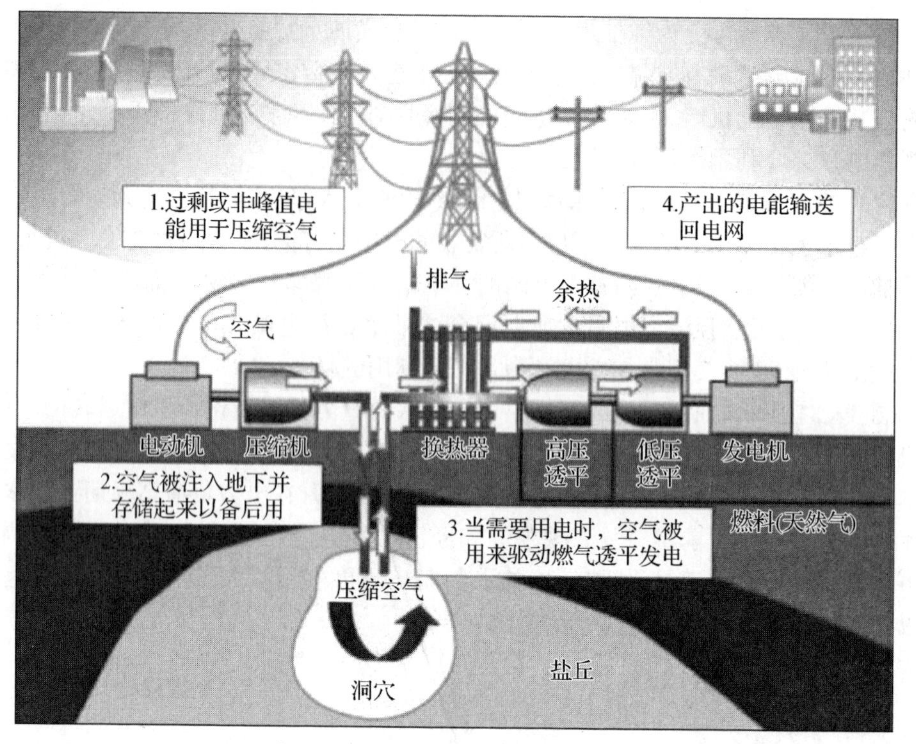

图 3－35　压缩空气蓄能系统示意图

覆盖，500 kW 容量等级、1.5 MW 容量等级及 10 MW 容量等级的压缩空气储能示范工程均已建成。

盐穴压缩空气储能是指利用盐穴来进行储能。盐穴是指在含盐地层或盐丘中利用钻井注入水等溶剂使盐岩溶解形成的地下空腔，是一种优良的储存资源。利用低谷电压缩空气存储于盐穴中，在高峰用电时释放高压空气做功发电，整个过程都通过空气的压缩和释放来实现电能的存储和输出。我国盐矿资源丰富，但与欧美等国相比在盐穴储能利用方面的研究起步较晚，盐穴地下储库的建设数量和技术水平仍有较大差距。目前，盐穴综合利用开发已成为国家支持、行业内重点关注的发展方向，未来随着相关研究及应用的持续推进，我国盐穴综合利用开发有望得到快速发展。2022 年 5 月 26 日，我国首个盐穴压缩空气储能电站在江苏金坛成功并网投运。

（3）飞轮储能

飞轮储能是一种源于航天的先进物理储能技术，是指利用电动机带动飞轮高速旋转，在需要的时候再用飞轮带动发电机发电的储能方式。飞轮储能装置主要有飞轮转子、支撑轴承、高速电机、电力电子控制装置、真空室五个部分组成。其中，飞轮是整个产品的核心部件，直接决定着储存能量的容量，电力电子变换装置决定了输入输出能量的容量。系统工作时，利用电能驱动飞轮高速旋转，将电能转换为机械能，在需要的时候通过飞轮惯性带动发电机发电，将储存的机械能变为电能输出(即所谓的飞轮放电)的一种储能方式。不同于其他电池技术，飞轮储能的优越性体现在短时间、高频次、大功率充放电特性上。相比抽水储能电站和压缩空气电站，飞轮储能设备体积要小很多，所以其对工作环境的适应性更强,更容易模块化。其结构组成及工作原理如图 3－36 所示。

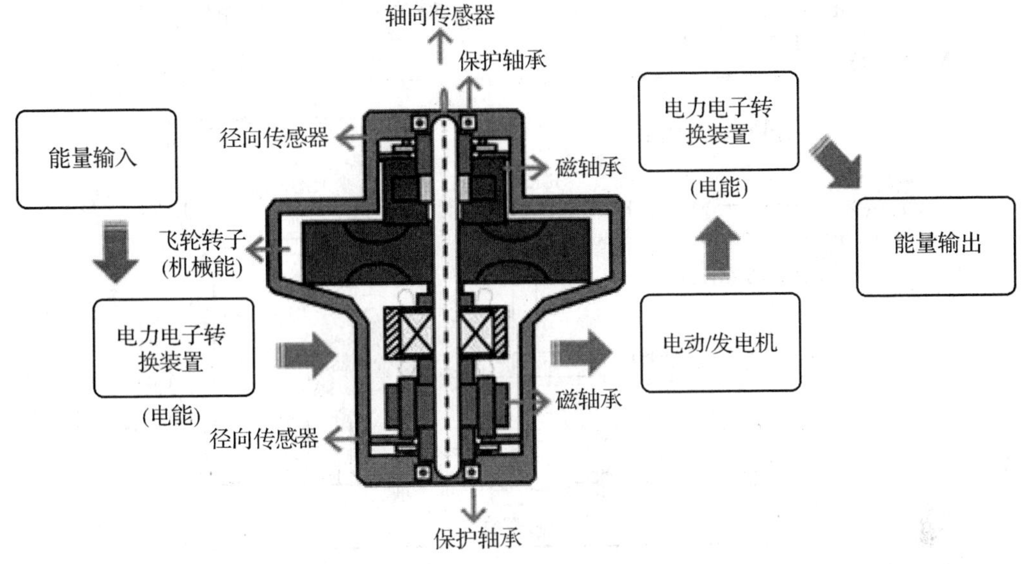

图 3－36　飞轮蓄能装置结构示意图

飞轮储能的规模较小,储能密度较低,不适用大规模储能场合,多用作小型不间断电源或者改善电网质量。

2. 电化学储能

电化学储能,简单来说就是一块巨型的可充电电池,原理类似于日常生活中的可充电电池,目前常用的电化学储能有全钒液流电池、高温钠系电池、锂电池、磷酸铁锂电池等,它们由不同规模的单体,根据规模需要,进行电气系统集成,形成储能系统。

电化学储能系统主要由电池组、电池管理系统(BMS)、能量管理系统(EMS)、储能变流器(PCS)以及其他电气设备构成。电池组是储能系统最主要的构成部分;电池管理系统主要负责电池的监测、评估、保护以及均衡等;能量管理系统负责数据采集、网络监控和能量调度等;储能变流器可以控制储能电池组的充电和放电过程,进行交直流的变换。电池管理系统(BMS)是该储能系统的核心部分,其原理架构如图 3－37 所示。

近年来,由于电化学储能具有使用灵活、响应速度快等优势,其市场占有额越来越高。截至 2019 年底,我国电化学储能累计装机规模为 1 592.7 MW,占全国储能规模总额的 4.9%。从地域分布来看,主要集中于新能源富集地区和负荷中心地区。从应用分布来看,主要分为三类:发电侧储能、电网侧储能、用户侧储能,其中,用户侧占 51%,装机占比最大;发电侧占 24%;电网侧占 22%。在发电侧、电网侧、用户侧,储能发挥的功能及其对电力系统的作用各不相同。

3. 电磁储能

电磁储能是一种新兴的储能技术,与其他储能技术相比,电磁储能在充放电速度极快、转换效率等方面具有明显优势,主要包括超导磁储能、电容储能和超级电容器储能三种方式,技术成熟之后在一些特定领域作用重大。

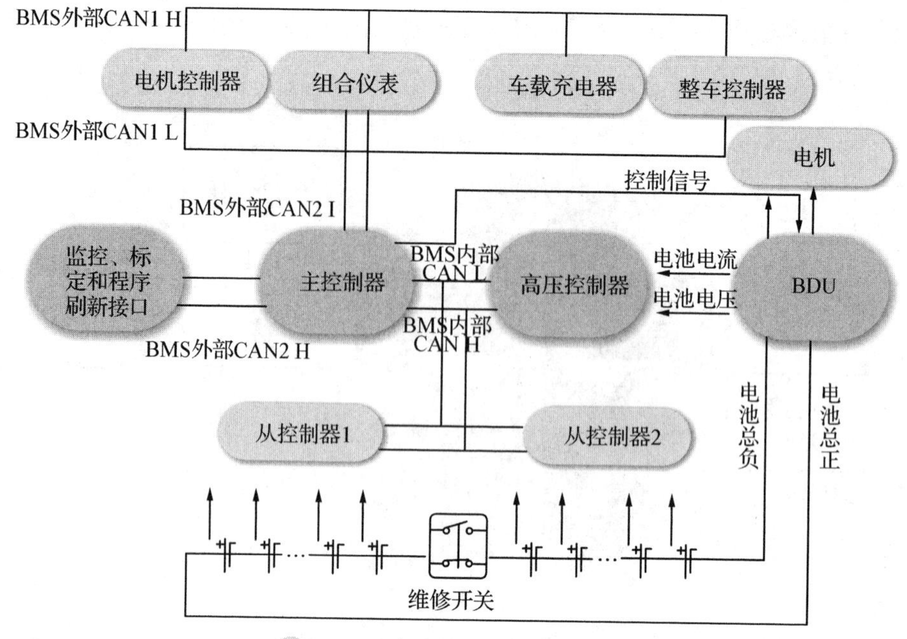

图 3-37　电池管理系统原理架构

（1）超级电容储能

超级电容器也称为双电层电容器，其中的电荷以静电方式存储在电极和电解质之间的电层界面上，在整个充放电过程中，不发生化学反应。在两个电极上施加电场后，溶液中的阴、阳离子分别向正、负电极迁移，在电极表面形成双电层；撤销电场后，电极上的正负电荷与溶液中的相反电荷离子相吸引而使双电层稳定，在正负极间产生相对稳定的电位差。这时对某一电极而言，会在一定距离内（分散层）产生与电极上的电荷等量的异性离子电荷，使其保持电中性；当将两极与外电路连通时，电极上的电荷迁移而在外电路中产生电流，溶液中的离子迁移到溶液中呈电中性。超级电容的优点为充放电速度快（最主要优势）、使用寿命长、大电流放电能力强，缺点为能量密度低、制造成本高。超级电容器的工作原理如图 3-38 所示。

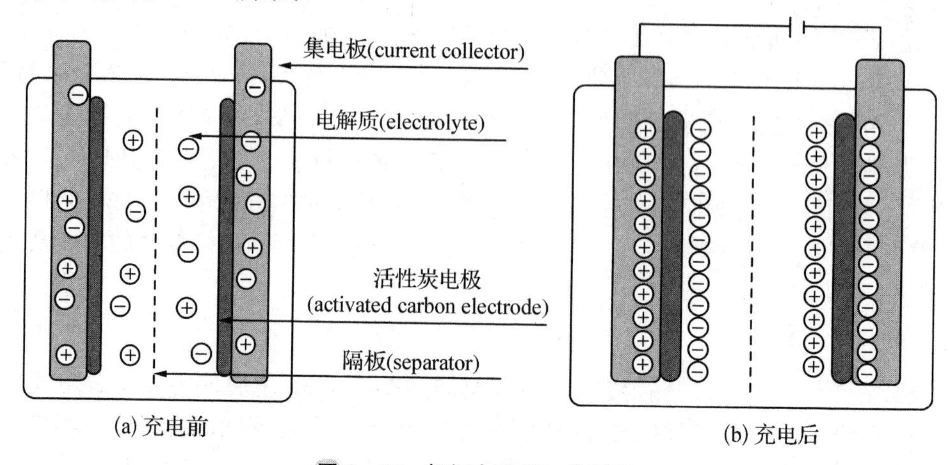

图 3-38　超级电容器工作原理

(2) 超导储能

超导储能是利用超导线圈通过整流逆变器将电网过剩的能量以电磁能形式储存起来,在需要时再通过整流逆变器将能量馈送给电网或作其他用途,可以通过电力电子换流器与外部系统快速交换有功和无功功率。由于超导储能具备反应速度快、转换效率高等优点,可以用于改善供电质量、提高电力系统传输容量和稳定性、平衡电荷,因此在可再生能源发电并网、电力系统负载调节和军事等领域被寄予厚望。

超导储能的工作原理是利用超导体的电阻为零的特性制成的储存电能的装置。通过整流逆变器将电网的能量以电磁能的形式储存在超导磁体中,根据电网或负荷需要,再通过整流逆变器将能量馈送给电网或负荷。超导储能系统大致包括超导线圈、低温系统、功率调节系统和监控系统四大部分。超导材料技术开发是超导储能技术的重中之重。超导材料大致可分为低温超导材料、高温超导材料。超导储能装置拓扑示意如图 3-39 所示。

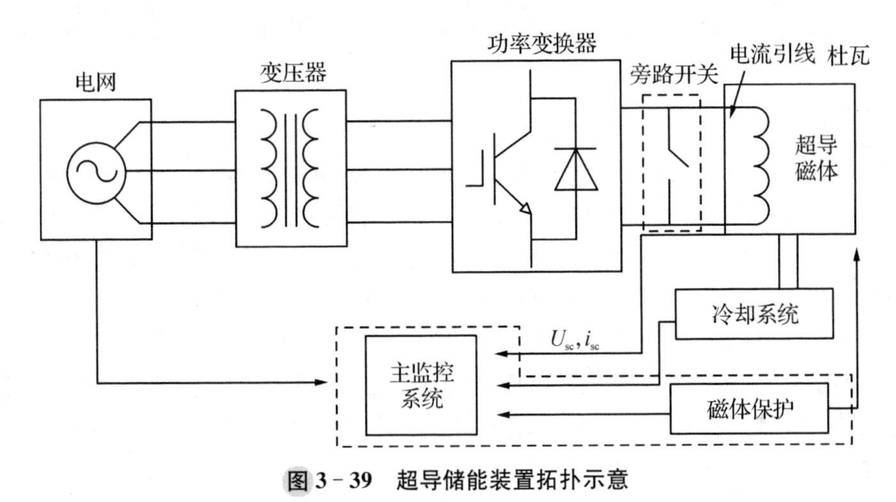

图 3-39　超导储能装置拓扑示意

超导储能技术的优点:转换效率可以高达 95%;毫秒级的响应速度、大功率和大能量系统;寿命长及维护简单、污染小。

超导储能技术的缺点:由于超导材料和低温制冷系统价格昂贵,因此成本很高,维护复杂,应用受到很大限制。

三、户用储能

户用储能系统也称家庭储能系统,是将太阳能或其他可再生能源转化为电能并储存起来的设备。通常由太阳能电池板、蓄电池、逆变器和监控系统组成。太阳能电池板将太阳能转化为直流电能,并将其输送到蓄电池中进行储存,当需要使用电能时,逆变器将储存的直流电能转换为交流电能,以供家庭用电。监控系统可以监测蓄电池的状态和电量使用情况,以便家庭更好地管理能源。

户用储能系统的优点是显而易见的。首先,它可以帮助家庭减少对电网的依赖,降低用能成本。其次,它可以减少对环境的不利影响,因为它使用的是可再生能源。此外,它还可以提高家庭的能源安全性,因为它可以在停电时提供备用电源。

四、储能的应用

从虚拟电厂角度来说，储能技术主要分为三类：发电侧储能、电网侧储能、用户侧储能。

对发电侧来说，电力储能能够平滑功率输出，跟踪计划出力，实现电力削峰填谷；对输电侧来说，电力储能能够延缓输电设备投资，提高电能质量，提高系统可靠性，改善输电网电压稳定性；对配电侧来说，电力储能可以延缓高峰负荷需求，延缓网络升级扩容，应对故障情况，保证供电稳定；对用户侧来说，电力储能可以接入辅助式分布电源，应对峰值负荷需求，缩小峰谷差，促进电能质量调节与改善，充当不间断电源或应急电源。

大规模储能的意义和作用在于储能系统可用于平抑风电功率波动，跟踪计划出力曲线，提高电网安全可靠性和电能质量（提供应急电源，减少因各种暂态电能质量问题造成的损失），减小峰谷差（电网企业在调峰和缓解供电压力的同时，可获取更多的高峰负荷收益）。

1. 发电侧

在发电侧领域，储能主要用来跟踪计划出力，辅助电网故障恢复及黑启动，使电源发电具有可控性和友好性。在火电机组装机较多、水电较少的地区，电源系统灵活性不足。这时，配置响应速度快的功率型储能电池，实现与火电机组一体化调度，提升机组整体响应性能，提高机组设备的利用率。在新能源领域，储能主要是平滑出力波动、跟踪调度计划指令、提升新能源消纳水平。目前我国新能源装机占比已超过 20%，在电力系统中的地位悄然变化，正在向电能增量主力供应商转变。光伏、风电出力具有很大的随机性、波动性和间歇性，加装储能系统可以跟踪新能源发电计划出力，在出力较低时储能系统输出功率，保证负荷用电安全；在出力曲线尖峰时储能系统吸收功率，从而保证所输出的电能不被浪费。

发电侧储能纳入发电厂管理的路径正逐步铺开。国家能源局华中监管局印发的《华中区域并网发电厂辅助服务管理实施细则》和《华中区域发电厂并网运行管理实施细则》明确所定义的发电厂就包括电化学储能电站。其中，《华中区域发电厂并网运行管理实施细则》还指出，电力调度机构对并网发电厂非计划停运情况进行统计和考核。配有已投运的规模化储能装置（MW 级及以上）的风电场、光伏电站，以风电场、光伏电站上网出口为脱网容量的考核点。文件要求 30 MW 及以上的风电场、30 MW 及以上集中式光伏电站等并网发电机组必须具备一次调频功能。

2. 电网侧

应用于电网侧的储能项目，主要安装在变电站及附近，提供缓解电网阻塞、延缓输配电升级、提高输配电网供电安全性、弹性、灵活性、稳定性与可靠性等服务。在特高压电网中，储能是提供系统备用和应急保障，确保电网安全运行的重要手段，且可同时发挥多项作用。意大利 Terna 公司电网侧储能项目，通过对不同运行控制模式的切换，可同时承担一、二次调频，系统备用，减少电网阻塞，优化潮流分布等多重任务，最终发挥出提升电网运行稳定性的作用。

在配电网中，储能可有效补充电力供应不足，治理配电网薄弱地区的"低电压"或分布式电源接入后引起的"高、低电压"问题，可同时解决季节性负荷、临时性用电、不具备条件增容扩建等配电网供电问题，有效延缓配电网新增投资压力。美国芝加哥电力公司利用可回收储能设备延缓变压器升级投资，就是电网侧延缓输变电设施建设的典型应用。我国电网侧已投运电化学储能电站装机规模超过 150 MW，其中镇江 101 MW/202 MW・h 的储能电站，是我国电网侧储能中的代表项目。

3. 用户侧

对于用户侧领域，储能可以应用于削峰填谷并获取收益，减少容量电费；保证供电安全、稳定，减少电压波动对电能质量的影响；提高可靠性供电等。用户侧储能可针对传统负荷实施削峰填谷、需求响应。削峰填谷适用于高峰时段用电量大的用户，是目前最为普遍的商业化应用，通过"谷充峰放"降低用电成本；需求响应通过响应电网调度、助力推移用电负荷获取收益。江苏无锡星洲工业园储能系统项目（20 MW/160 MW・h）是全国最大容量商业运行用户侧储能，也是首个依照国网江苏省电力公司《客户侧储能系统并网管理规定》并网验收的项目。

用户侧储能还可与分布式可再生能源结合开展光储一体、充储一体应用。上海嘉定安亭充换储一体化电站项目，将电动汽车充电站、换电站、储能站和电池梯次利用等多功能进行融合。江苏车牛山岛能源综合利用微电网项目由储能设备及风、光、柴油机组成，是国内首个交直流混合智能型微电网。东莞易事特工业园区内的智能充电站在配置了光伏电站的同时，增加了 500 kW/500 kW・h 储能系统，组成了一整套光储充一体化系统解决方案，这是东莞市首座光储充一体化的智能充电站。北京市海淀区北部新区翠湖片区建立光储微电网与大电网并网运行，其中 50 MW 屋顶光伏，5 MW×2 电池储能，为周围地区供电。上海电力大学临港新校区新能源分布式发电系统包含分布于 23 个建筑屋面的 2 MW 光伏发电和一台 300 kW 风力发电，并配置了容量为 100 kW×2 h 的磷酸铁锂电池、150 kW×2 h 的铅碳电池和 100 kW×10 s 的超级电容储能设备，该系统能够在外部供电系统失电的情况下，继续保证信息中心机房重要负荷和 2 栋建筑部分普通负荷供电的需求。浙江瑞安市北龙岛离网型光储微电网，包括光伏装机容量 1.35 MW、能量型储能容量 3 MW・h、功率型储能容量 1 MW・h、柴油发电机 600 kW 装机容量，能够为岛内居民及公共设施供电。

大规模的户用或工商业光储形成的分布式用户侧储能系统可被当作虚拟电厂建设的基本元素。根据日本经济产业省相关数据，其国内可供虚拟电厂集合的太阳能电力规模预计将在 30 年内增加至 37.7 GW，相当于 37 个大型火力发电站的发电量。2019 年 10 月，南澳大利亚州数百户家庭光储系统形成的虚拟电厂项目，通过向澳大利亚全国电力市场供能，成功地应对了昆士兰州发生的一次大规模断电事故。目前，该虚拟电厂已安装了 900 多个系统，由 Tesla 公司牵头，得到了南澳大利亚州政府和能源零售商 Energy Locals 的支持。

五、储能一体柜和集装箱储能

储能一体柜和集装箱储能的优势与应用范围随着能源转型的推进和清洁能源的不

断发展，储能技术成为解决能源供需不平衡和提高能源利用效率的重要手段。储能一体柜和集装箱储能作为储能技术中的新兴形式，为能源储存和利用提供了新的解决方案。

1. 特点

（1）储能一体柜和集装箱储能具有高效的能量存储和释放能力。

储能一体柜一般采用锂离子电池等电化学储能技术，能够实现大容量的能量存储，同时具备高效的能量转换和放电能力；集装箱储能则常常使用电容储能，能够以更快的速度进行充放电，适用于短时间高功率需求的场景。这些技术的应用使得储能一体柜和集装箱储能成为灵活可靠的能源储存解决方案。

（2）储能一体柜和集装箱储能具有多种应用场景。

在大规模能源存储方面，储能一体柜可以应用于电力系统峰谷调节、光伏和风电等可再生能源的消纳调度，以及电力系统频率和电压的稳定控制。

集装箱储能则可以应用于电网蓄能技术、工业用电负载平衡和电动汽车充电等领域。

此外，储能一体柜和集装箱储能还具备可移动性和模块化的特点，可以灵活应用于电力供应不便的地区、紧急救灾和工业用电不稳定的场景。

储能一体柜和集装箱储能的发展也带动了相关配套设备和服务的提升。例如，储能一体柜和集装箱储能在系统设计、能量管理和安全监控等方面需要可靠的智能化控制技术。同时，随着储能一体柜和集装箱储能的推广应用，促进了电池和电容器等储能元件的生产和技术创新，降低了储能成本，并提高了系统的安全性和可靠性。

总之，储能一体柜和集装箱储能作为新兴的储能技术形式，具有高效能量存储能力和灵活多样的应用场景。随着清洁能源的推广和能源需求的增长，储能一体柜和集装箱储能将发挥重要作用，为解决能源存储和利用问题提供可靠、安全的解决方案。

2. 集装箱储能系统

集装箱储能系统（CESS）是针对移动储能市场的需求开发的集成化储能系统，其内部集成电池柜、锂电池管理系统（BMS）、集装箱动环监控系统，并可根据客户需求集成储能变流器和能量管理系统。

集装箱储能系统具有简化基础设施建设成本、建设周期短、模块化程度高、便于运输和安装等特点，能够适用于火力、风能、太阳能等电站或海岛、小区、学校、科研机构、工厂、大型负荷中心等应用场合。

（1）集装箱储能系统组成

以 1 MW/1 MW・h 集装箱储能系统为例，系统一般由储能电池系统、监控系统、电池管理单元、专用消防系统、专用空调、储能变流器及隔离变压器组成，并最终集成在一个 12 米左右的集装箱内，如图 3-40 所示。

电池系统主要由电芯串并联构成，首先十几组电芯通过串并联组成电池箱，然后电池箱通过串联组成电池组串并提升系统电压，最终将电池组串进行并联提升系统容量，并集成安装在电池柜内。

监控系统主要实现对外通讯、网络数据监控和数据采集、分析和处理的功能，保证数

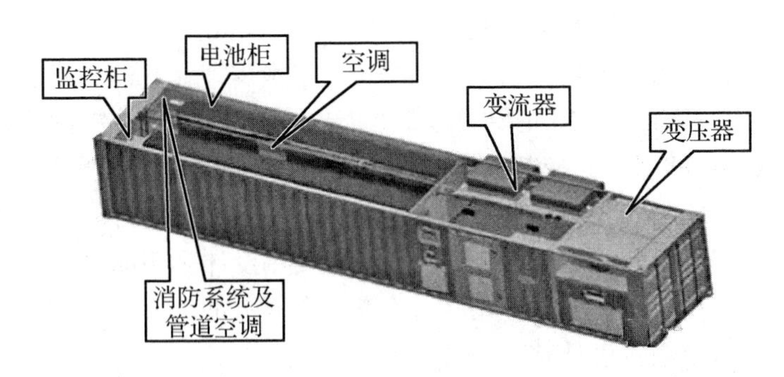

图 3-40　集装箱储能系统结构图

据监控准确、电压电流采样精度高、数据同步率及遥控命令执行速度快，电池管理单元拥有高精度的单体电压检测与电流检测功能，保证电芯模块的电压均衡，避免电池模块间产生环流，影响系统运行效率。

消防系统保证系统的安全。集装箱内配置了专用的消防及空调系统。通过烟雾传感器、温度传感器、湿度传感器、应急灯等安全设备感知火警，并能自动灭火；专用空调系统根据外部环境温度，通过热管理策略控制空调冷热系统，保证集装箱内温度处于合适区间，延长电池使用寿命。

储能变流器是将电池直流电转换为三相交流电的能量转换单元，其可运行于并网及离网模式，并网模式下变流器按照上层调度下发的功率指令与电网进行能量交互；离网模式下储能变流器可为厂区负荷提供电压频率支撑，并为部分可再生能源提供黑启动电源。储能变流器出口与隔离变压器连接，使一次侧与二次侧的电气完全绝缘，最大程度保证集装箱系统的安全。

(2) 储能集装箱的分类

按集装箱使用的材料，储能集装箱可分为以下三种。

① 铝合金集装箱：优点是重量轻，外表美观，防腐蚀，弹性好，加工方便以及加工费、修理费低，使用年限长；缺点是造价高，焊接性能差。

② 钢制集装箱：优点是强度大，结构牢，焊接性高，水密性好，价格低廉；缺点是重量大、防腐性差。

③ 玻璃钢制集装箱：优点是强度大，刚性好，内容积大，隔热、防腐、耐化学性好，易清扫，修理简便；缺点是重量大，易老化，螺栓开孔处强度降低。

(3) 储能集装箱的设计

储能集装箱设计主要分为电池仓设计和设备仓设计两部分。

电池仓主要包括电池、电池架、BMS 控制柜、七氟丙烷灭火柜、散热空调、烟感照明、监控摄像头等。电池需要配备相对应的 BMS 管理系统。

电池的类型可以是铁锂电池、锂电池、铅碳电池及铅酸电池。散热空调根据仓里的温度进行实时调节。监控摄像头可以远端监控仓里设备的运行状态。可以组成一个远程的客户端，通过客户端或者 APP 对仓里设备的运行状态、电池状态等进行监测和管理。

设备仓主要包括PCS和EMS控制柜。PCS可控制充电和放电过程，进行交直流的变换，在无电网情况下可以直接为交流负荷供电。EMS对储能系统的应用功能和作用都比较重要。在配电网方面，EMS主要通过跟智能电表的通讯，采集电网实时功率的状态，并实时监测负载功率的变化。控制自动发电，对电力系统状态进行评估。

1 MW·h的系统里面，PCS和电池的比例可以是1∶1或者1∶4(储能PCS 250 kW·h，电池1 MW·h)。1 MW集装箱式变流器散热设计采用前进风后出风的设计，这种设计适用于将所有PCS全部放置在同一个集装箱的储能电站。将集装箱内部配电系统的走线、维护通道及散热设计整体一体化优化设计，便于远距离运输，减少事后维护的成本。

3. 集装箱式储能系统的优势及要求

① 储能集装箱具备良好的防腐、防火、防水、防尘(防风沙)、防震、防紫外线、防盗等功能，保证25年内不会因腐蚀。

② 集装箱外壳结构、隔热保温材料、内外部装饰材料等全部使用阻燃材料。

③ 集装箱的进、出风口和设备的进风口加装可方便更换标准通风过滤网，同时在遭遇大风扬沙电气时可以有效阻止灰尘进入集装箱内部。

④ 防震功能须保证运输和地震条件下集装箱及其内部设备的机械强度满足要求，不出现变形、功能异常、震动后不运行等故障。

⑤ 防紫外线功能须保证集装箱内外材料的性质不会因为紫外线的照射发生劣化、不吸收紫外线能量等问题。

⑥ 防盗功能须保证集装箱在室外露天条件下不会被偷盗者打开，须保证在偷盗者试图打开集装箱时产生威胁性报警信号，同时，通过远程通信方式向后台报警，该报警功能可由用户屏蔽。

⑦ 集装箱标准单元拥有自己独立的供电系统、温度控制系统、隔热系统、阻燃系统、火灾报警系统、机械连锁系统、逃生系统、应急系统、消防系统等自动控制和保障系统。

六、储能技术未来的发展趋势

随着可再生能源装机规模迅猛增长，弃水、弃风、弃光等问题日益突出，而储能是解决这些问题最具有前景的技术。在以清洁化、低碳化为总体目标的能源转型发展之路上，我国需要发展风电、光伏发电等新能源。储能在提升电网灵活性、安全性、稳定性与提高可再生能源消纳水平方面具有独特优势，新能源发电市场的快速发展为储能带来了巨大的发展机遇。储能作为智能电网、可再生能源高占比能源系统，以及“互联网+”智慧能源的重要组成部分和关键支撑技术，其价值日益凸显。在全球倡导大力发展清洁能源的时代背景下，开发能量密度更高、循环寿命更长、系统成本更低、安全性能更好的储能技术已经成为各国研究支持计划的一个重要方向。

储能是有效调节可再生能源发电引起的电网电压、频率及相位变化，推进可再生能源大规模发电、并入常规电网的必要条件。可再生能源发展水平决定了能源互联网建设的成败。随着各国对储能技术研发和应用重视程度逐渐提高，相关核心配套技术取得长足发展。压缩空气储能技术、液流电池、锂硫电池等技术已经走向产业化或接近产业化；氢燃料电池作为燃料电池主流方向，应用规模逐渐扩大；储热技术发展迅速，市场重视程度有待提高。在可再生能源产业、电动汽车产业和能源互联网产业快速发展的推动下，储能产业有望呈爆发性增长态势；随着可再生能源电力存储成本持续降低，储能系统应用规模和技术成本会进入良性循环发展新阶段；电动汽车电池技术有望迎来重大突破，市场前景广阔。

随着可再生能源的大规模并网，电力系统的稳定性问题日益凸显。由于可再生能源的间歇性和波动性，电力系统的运行容易受到干扰，严重时甚至可能导致系统崩溃。储能技术作为解决电力系统稳定性问题的重要手段，正逐渐受到广泛关注。

1. 高效储能技术的突破

随着科技的进步，新一代高效储能技术正不断涌现。其中，锂离子电池、钠离子电池、固态电池等被广泛应用于储能领域。未来，这些储能技术将进一步提升能量密度、延长循环寿命，并降低成本，以满足不同场景下的需求。

2. 绿色储能技术的崛起

绿色储能技术是指利用环保、可再生资源进行储能的技术。例如，地热能、太阳能和风能等可再生能源将在未来成为主流。同时，生物质能、氢能等新兴绿色能源也将逐渐应用于储能领域。这些绿色储能技术具有低碳排放、环境友好的优势，将为可持续发展提供更多可能性。

3. 大规模储能系统的建设

随着清洁能源的快速发展，大规模储能系统的建设将成为一个迫切需求。例如，电动汽车电池的二次利用、能量存储设备的智能化管理等，将推动储能系统建设向更高效、稳定的方向发展。同时，通过智能电网技术的应用，储能系统将实现与电力系统的互联互通，进一步提高能源利用效率。

4. 超级电容器的商业化应用

超级电容器作为一种高功率密度、长寿命、高效率的储能技术，具有广阔的市场前景。未来，超级电容器将逐渐应用于电动汽车、轨道交通、工业机械等领域，为能源存储提供更灵活可靠的解决方案。

5. 储能技术与物联网的融合

储能技术将与物联网技术紧密结合，形成智能化、自动化的能源管理体系。通过物联网技术的应用，能源供需将更加平衡，能源利用效率进一步提升。同时，智能化的储能系统将实现与用户需求的精准匹配，为用户提供更便捷可靠的能源服务。

未来新能源储能技术的发展趋势将是高效储能技术的突破、绿色储能技术的崛起、大规模储能系统的建设、超级电容器的商业化应用以及储能技术与物联网的融合。这些趋势将推动可再生能源的大规模应用，促进能源转型与可持续发展。

第三节　监控系统原理

零碳电厂监控系统主要由传感器、数据采集器、监控软件、通信设备等组成。

一、数据采集系统

1. 模拟量输入通道

模拟量输入通道是计算机测控系统中被测对象与计算机之间的联系通道，计算机只能接收数字电信号，而被测对象常常是一些非电量，因此，模拟量输入通道的任务是把从系统中检测到的模拟信号，转化成二进制数字信号，经接口送往计算机。它一般由传感器及其变送装置、信号调理变换电路、多路转换器、采样保持器、A/D转换器、接口及控制逻辑等组成，其组成如图 3－41 所示。下面将分别对各部分分析其选择和设计原则。

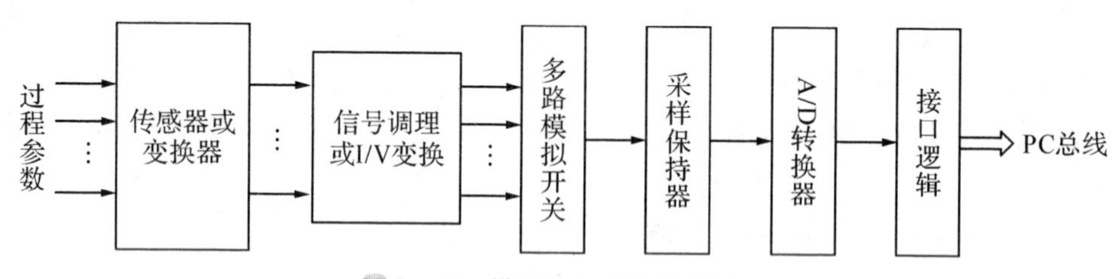

图 3－41　模拟输入通道组成框图

(1) 传感器的选用

传感器是信号输入通道的第一道环节，也是决定整个测试系统性能的关键环节之一。由于传感器技术的发展非常迅速，各种各样的传感器应运而生，所以大多数测试系统设计者只需正确选用现有传感器产品中而不必另行研制传感器。要正确选用传感器，首先要明确所设计的测试系统需要什么样的传感器，即系统对传感器的技术要求；其次是要了解现有传感器厂家有哪些可供选择的传感器，对比同类产品的指标和价格，从中挑选合乎要求的性价比最高的传感器。

① 传感器的主要技术要求

a. 具有将被测量转换为后续电路可用电量的功能，转换范围与被测量实际变化范围(变化幅度范围、变化频率范围)相一致。

b. 转换精度符合根据整个测试系统总精度要求分配给传感器的精度指标(一般应优于系统精度的 10 倍左右)，转换速度符合整机要求。

c. 能满足被测介质和使用环境的特殊要求，如耐高温、耐高压、防腐、抗震、防爆、抗电磁干扰、体积小、重量轻、不耗电或耗电少等等。

d. 能满足用户对可靠性和可维护性的要求。

② 可供选用的传感器类型

对于同一种被测量数据，常常有多种传感器可以选用，例如可以实现温度测量的传感器就有热电偶、热电阻、热敏电阻、半导体 PN 结等。在能满足测量范围、精度、速度、使用条件等情况下，侧重考虑成本、相配电路是否简单等因素，尽可能选择性价比高的传感器。

近年来，市场上出现了便于测控系统简化电路和提高性能的传感器，一般有如下几类。

a. 大信号输出传感器为了与 A/D 输入要求相适应，传感器厂家开始设计制造专门与 A/D 匹配的大信号输出传感器。通常是把放大电路与传感器做成一体，使传感器能直接输出标准电压或者电流信号。信号输入通道中应尽可能选用大信号传感器或者变送器，这样可以省去小信号放大环节，如图 3-42 所示。对于大电流输出，只要经过简单 I/V 变换即可变为大电压输出；对于大信号电压可以经过 A/D 转换，也可以经 V/F 转换送入计算机，但后者响应速度较慢。

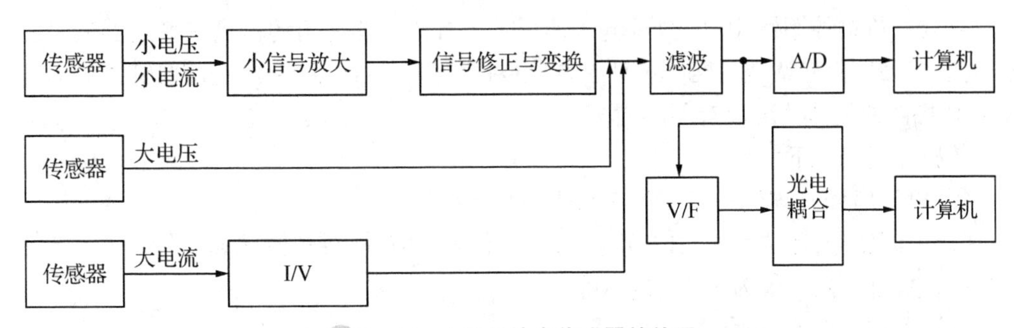

图 3-42　大信号输出传感器的使用

b. 数字式传感器一般是由频率敏感效应器件构成，也可以是由敏感参数 R、L、C 构成的振荡器，或模拟电压输入经 V/F 变换等。因此数字式传感器一般都是输出频率参量，具有测量精度高、抗干扰能力强、便于远距离传送等优点。此外，如果传感器输出满足 TTL 电平标准，则可直接接入计算机的 I/O 口或中断入口。如果传感器输出不满足 TTL 电平标准，则仍需电平转换或者放大整形，具体类似数字量输入通道，如图 3-43 所示。

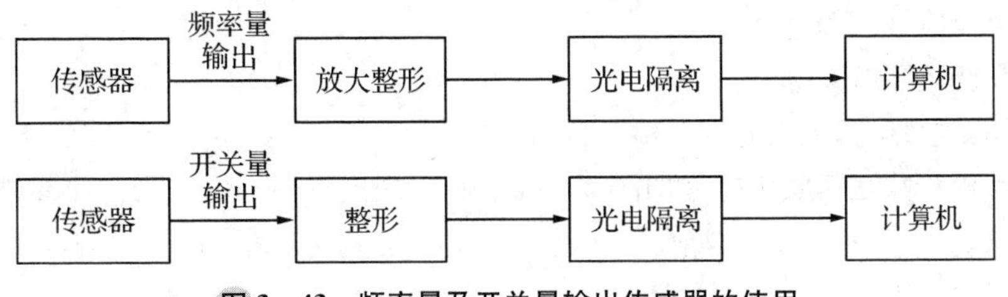

图 3-43　频率量及开关量输出传感器的使用

c. 集成传感器是将传感器与信号调理电路制成一体。例如，将应变片、应变电桥、线性化处理、电桥放大等制成一体，可构成集成压力传感器。采用集成压力传感器可以减轻输入通道的信号调理任务，简化通道结构。

d. 光纤传感器的信号采集、变换、传输都是通过光导纤维实现的，可避免电路系统的电磁干扰。在信号输入通道中采用光纤传感器可以从根本上解决由现场通过传感器引入的干扰。

除此之外，目前市售的各种测量仪表，其内部传感器及其测量电路配置较完善，一般都有大信号输出端，甚至还有 BCD 输出。但其售价远高于传感器的价格，故在小型测试系统中较少采用，在较大型的系统中使用较多。

对于特殊的测量需要，可能没有现成的传感器可供选用。一种解决办法是定制，但是小批量生产的价格相对来说较昂贵；另一种办法是从现有传感器定型产品中选择一种作为基础，再另行设计敏感元件或者配合的转换电路等，从而组合成满足特定测量需要的特制传感器。

(2) 信号调理电路

信号调理电路主要通过非电量的转换、信号的变换、放大、滤波、线性化、共模抑制及隔离等方法，将非电量和非标准的电信号转换成标准的电信号。信号调理电路是传感器和 A/D 之间以及 D/A 和执行机构之间的桥梁，也是计算机测控系统中重要的组成部分。

在计算机测控系统中，模拟量输入信号主要有传感器输出的信号和变送器输出的信号两类。因此，信号调理电路的设计主要是根据传感器输出的信号、变送器输出的信号及 A/D 转换器的具体情况而有所不同。

传感器输出以下信号。

① 电压信号：一般为 mV 或 μV 信号。

② 电阻信号：单位为 Ω，如热电阻(RTD)信号，通过电桥转换成 mV 信号。

③ 电流信号：一般为 mA 或 μA 信号。

变送器输出以下信号。

① 电流信号：一般为 0～10 mA(0～1.5 kΩ 负载)或 4～20 mA(0～500 Ω 负载)。

② 电压信号：一般为 0～5 V 或 1～5 V 信号。

以上这些信号往往不能直接送入 A/D 转换器，对于较小的电压信号需要经过模拟量输入通道中的放大器放大后，变换成标准电压信号(如 0～5 V，1～5 V，0～10 V，−5～+5 V 等)，再经滤波后才能送入 A/D 转换器。而对于电流信号应该通过 I/V(电流/电压)变换电路，将电流信号转换成标准电压信号，再经滤波后送入 A/D 转换器。下面将介绍几种常用的模拟信号调理电路。

(3) 线性运算放大电路

① 反相线性运算放大电路

典型反相线性运算放大电路如图 3－44 所示。理论条件下的主要特性参数如式 3－1 至 3－4 所示。

闭环放大倍数

$$A_f=\frac{u_o}{u_i}=-\frac{R_f}{R_1} \tag{3-1}$$

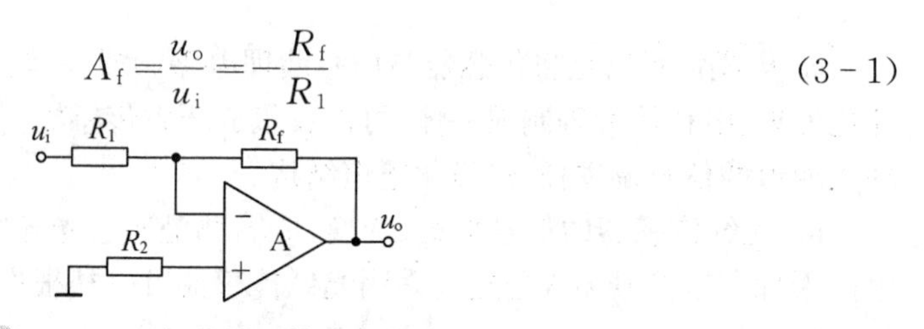

图 3－44　反相线性运算放大电路

平衡电阻

$$R_2 = \frac{R_1 R_f}{R_1 + R_f} \tag{3-2}$$

输入电阻

$$R_i = R_1 \tag{3-3}$$

输出电阻

$$R_o = 0 \tag{3-4}$$

② 同相线性运算放大电路

典型同相线性运算放大电路如图 3-45 所示。理论条件下的主要特性参数如式 3-5 至 3-8 所示。

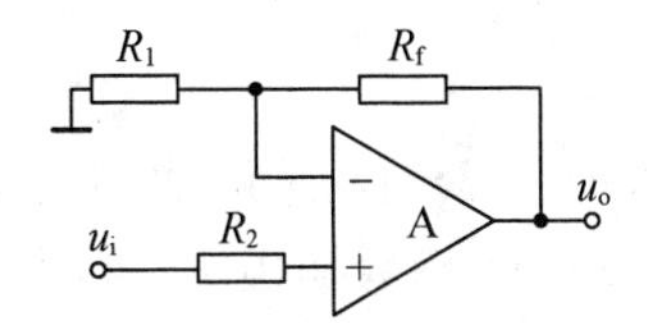

图 3-45　同相线性运算放大电路

闭环放大倍数

$$A_f = \frac{u_o}{u_i} = 1 + \frac{R_f}{R_1} \tag{3-5}$$

平衡电阻

$$R_2 = \frac{R_1 R_f}{R_1 + R_f} \tag{3-6}$$

输入电阻

$$R_i = +\infty \tag{3-7}$$

输出电阻

$$R_o = 0 \tag{3-8}$$

③ 差动线性运算放大电路

典型差动线性运算放大电路如图 3-46 所示，通常要求电阻 $R_2 = R_1$，$R_3 = R_f$。理论条件下的主要特性参数如式 3-9 至式 3-12 所示。

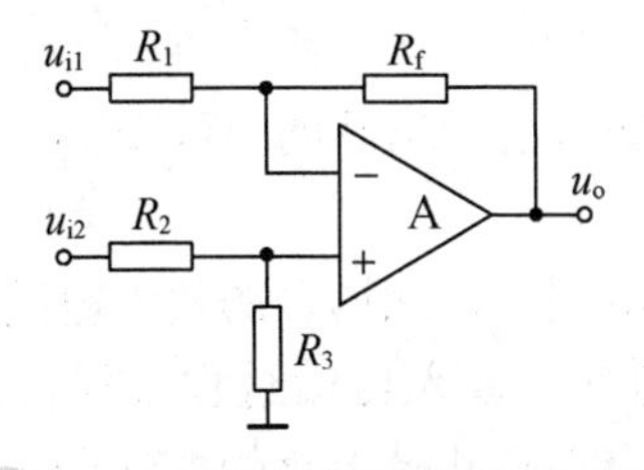

图 3-46　差动线性运算放大电路

差模增益

$$A_f=\frac{u_o}{u_{i1}-u_{i2}}=-\frac{R_f}{R_1} \tag{3-9}$$

差模输入阻抗

$$R_{id}=2R_1 \tag{3-10}$$

共模输入阻抗

$$R_{ic}=\frac{1}{2}(R_1+R_f) \tag{3-11}$$

输出阻抗

$$R_o=0 \tag{3-12}$$

(4) 仪表运算放大电路

仪表运算放大器的内部结构如图 3-47 所示，由 A1、A2 两个对称的同相运算放大电路构成输入级，差动运算放大电路 A3 构成输出级，可调电阻 R_G 为外接增益调节电阻。为提高电路的抗共模干扰能力和抑制漂移的影响，通常要求输入级电路上下对称，即 $R_1=R_2$，$R_4=R_6$，$R_5=R_7$，由此可得，仪表运算放大电路输入级的增益如式 3-13 所示。

$$A_{fi}=\frac{u_{o1}-u_{o2}}{u_{i1}-u_{i2}}=1+\frac{2R_1}{R_G} \tag{3-13}$$

仪表运算放大电路整体的增益可表示为式 3-14。

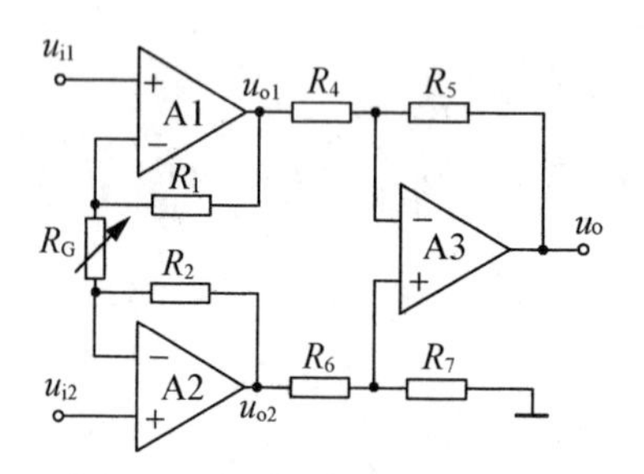

图 3-47　仪表运算放大器原理

$$A_f=\frac{u_o}{u_{i1}-u_{i2}}=-\left(1+\frac{2R_1}{R_G}\right)\frac{R_5}{R_4} \tag{3-14}$$

典型的仪表运算放大器有 AD 公司出品的 AD620。

① 隔离运算放大电路

隔离运算放电电路是一种应用于特殊场合的放大电路，其输入电路、输出电路及供电电源电路之间没有直接耦合，信号在放大传输过程中保持隔离状态。隔离运算放大电路主要应用于便携式测量仪器或存在高共模干扰的特殊场合。

隔离运算放大电路的主要隔离方式为变压器隔离和光电隔离两种方式，其中变压器隔离技术较为成熟，该类器件具有较高的线性度和隔离性能、共模抑制比高，但带宽较窄、器件体积大、集成工艺复杂且成本高。常见变压器隔离运算放大器有双隔离型的AD204、AD277等，三隔离型的AD210、GF289等；光电隔离类器件结构简单，成本低廉，具有一定的转换速度，带宽较宽，但传输线性度较差。

a. 双隔离型隔离运算放大电路AD204

AD204是美国AD公司出品的双隔离运算放大电路，其内部结构如图3－48所示。

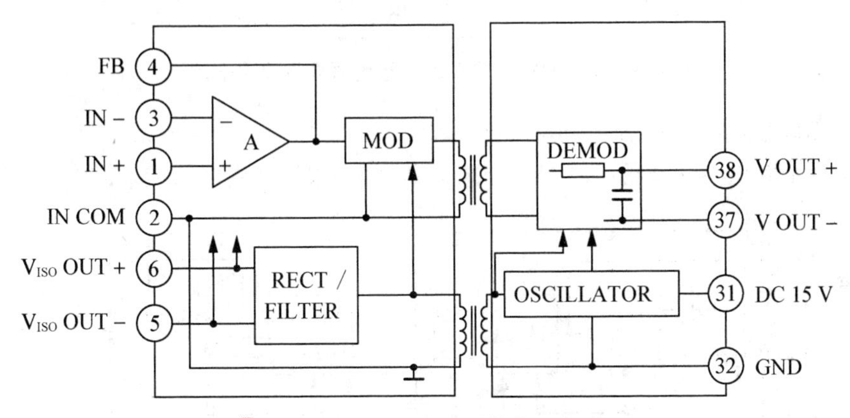

图3－48　AD204隔离运算放大器原理

器件供电由31脚、32脚输入DC15V，该输入电源经内部振荡器调节，产生解调器所需的工作电压；经电源变压器产生输入端所需的运放工作电压和调制器工作电压，并经隔离电压输出端5脚和6脚输出，供需要隔离供电的传感器及前端电路使用。需要注意的是该器件具有多种封装形式，不同封装的引脚编号与功能略有区别，使用时需参考器件手册。

AD204的基本应用电路如图3－49所示，该电路的增益倍数为1。

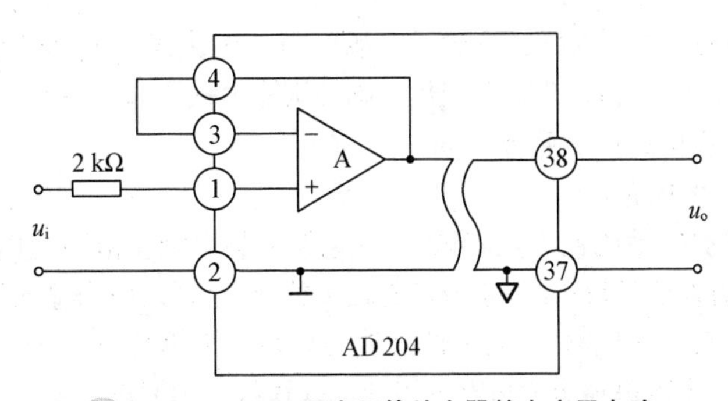

图3－49　AD204隔离运算放大器基本应用电路

对于要求增益倍数大于1的应用场合，应采用图3－50所示的电路，图中R_f的取值应大于20 kΩ，该电路的增益可用式3－15表示。

$$A_f=\frac{u_o}{u_i}=1+\frac{R_f}{R_G} \tag{3-15}$$

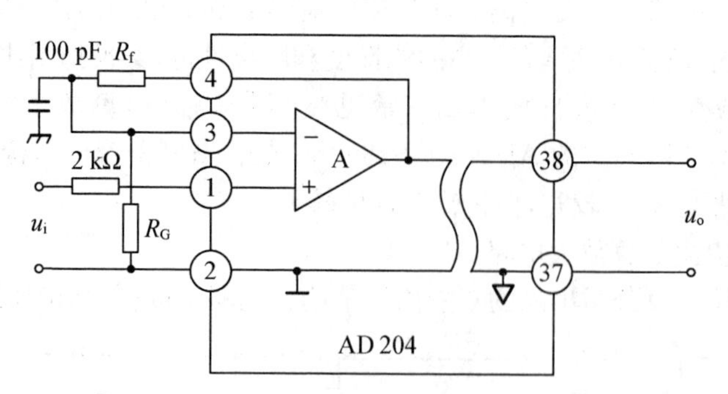

图 3－50　AD204 隔离运算放大器典型应用电路

b. 三隔离型隔离运算放大电路 AD210

AD210 是美国 AD 公司出品的三隔离运算放大电路，其内部结构如图 3－51 所示。

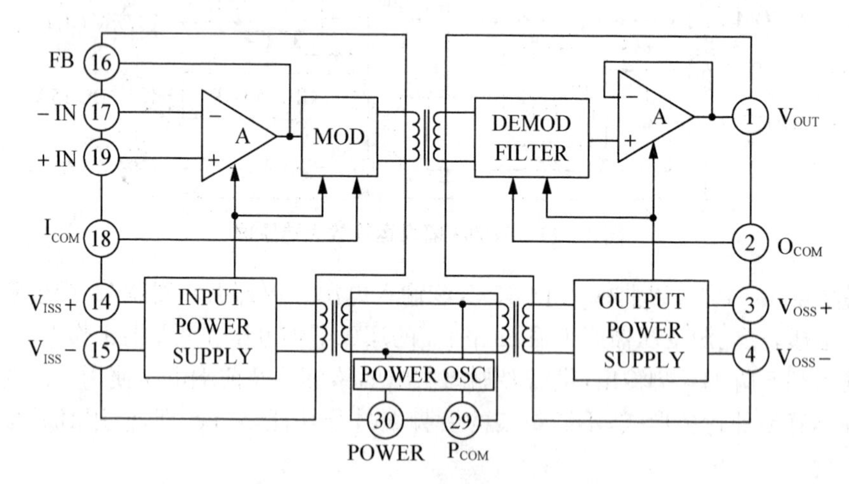

图 3－51　AD210 隔离运算放大器原理

器件供电由 30 脚、29 脚输入，该输入电源经内部振荡器调节，分别经变压器给输入端和输出端供电，并经 14 脚、15 脚及 3 脚、4 脚分别输出供外部电路使用。AD210 的具体使用电路可参考该芯片的芯片手册。

② 程控运算放大电路

对于智能仪器测控系统而言，通常要求在系统的整个测量范围之内具有较为理想的辨识度，即要求当输入信号较小时，系统具有较大的放大倍数；而当输入信号较大时，系统的放大倍数适当降低，使得不同的输入信号放大后均处于系统 A/D 转换范围之内，且具有较大的动态范围，使用程控运放电路可以满足这样的实用要求。

a. 多路模拟开关式程控运算放大电路

程控运算放大电路的基本思想是通过接通不同的运放反馈电阻，达到切换放大倍数的目的，其基本原理如图 3－52 所示。具有数字接口的控制逻辑在程序的控制下接通不同的反馈电阻网络，即可实现增益的程序控制，常见的多路模拟开关如 AD7506 等。

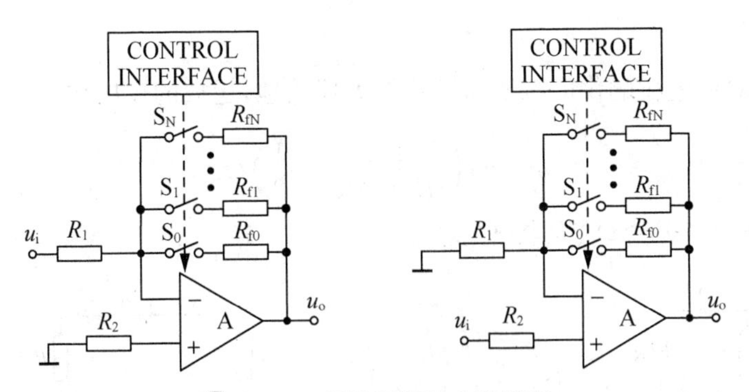

图 3-52　程控运算放大器原理

b. 数字电位器式程控运算放大电路

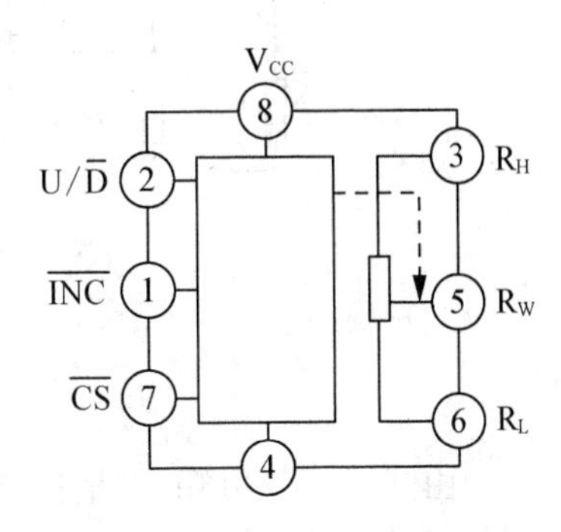

图 3-53　数字电位器逻辑框图

程控运算放大电路的另一种实现方式是在运放的反馈回路中采用数字电位器，图 3-53 所示为 CAT5113 数字电位器的引脚图，其中 V_{CC}、GND 为电源输入端，$\overline{CS}$为片选信号输入端，U/$\overline{D}$为电阻抽头触点 R_W 位置的改变方向控制端，$\overline{INC}$为控制电阻抽头触点位置的步进输入端，R_L、R_H 是内置电阻网络的端点。

c. 集成式程控运算放大电路

常见的集成式程控运算放大电路 PGA204 及 PGA205 等，PGA204/205 是美国 Burr-Brown 公司生产的低价格、多用途的可编程增益放大器，可用两位 TTL 或 CMOS 逻辑信号 A1、A0 对其增益进行数字选择。PGA204 的增益档级为 1、10、100、1 000 V/V，最大增益误差为±0.1%；PGA205 的增益档级为 1、2、4、8 V/V，最大增益误差为±0.05%。PGA204/205 的引脚如图 3-54 所示。

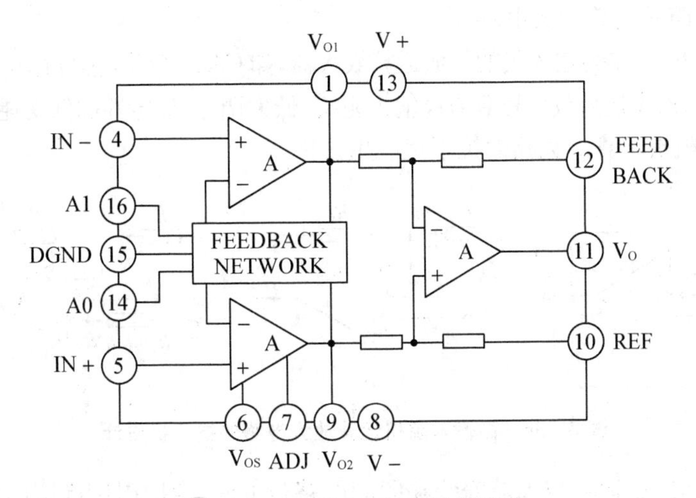

图 3-54　PGA204/205 逻辑框图

③ 电桥运算放大电路

电桥运算放大电路常配套应用于电阻传感器的信号处理电路，如应变式位移的测量、

PTC测温等。

图3－55(a)中电桥的供电电源与运算放大器共地，运放的输出如式3－16所示。

$$u_{o}=G\left(\frac{R+\Delta R}{2R+\Delta R}-\frac{1}{2}\right)U_{B} \tag{3-16}$$

式中：G——仪表运算放大电路的增益。

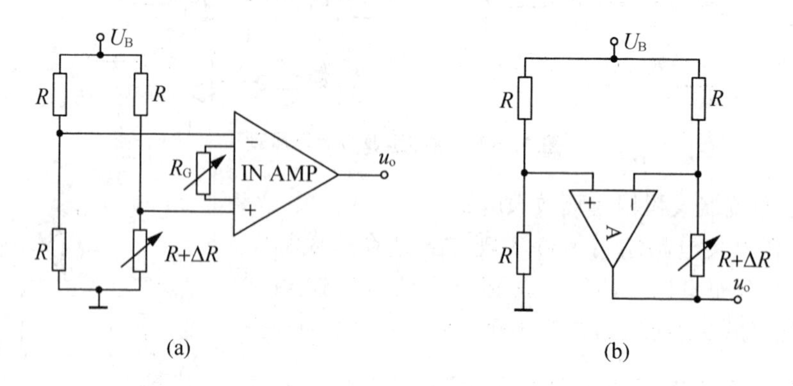

图3－55　电桥运算放大电路

由式3－16可知，测量桥臂的变化量ΔR存在于输出表达式的分母上，因此该电路具有非线性特性。

图3－55(b)所示的电路为实用的电桥线性化电路，该电路的输出表达式如式3－17所示。

$$u_{o}=-\frac{\Delta R}{2R}U_{B} \tag{3-17}$$

④ 高输入阻抗运算放大电路

采用MOS-FET作为输入级的集成运算放大器，如CA3140等，它们的输入阻抗很高，通常大于10^6 MΩ，该类运算放大器具有高输入阻抗、低失调、高稳定性和低功耗等优点。

a. 高输入阻抗运算放大器的抗干扰应用设计

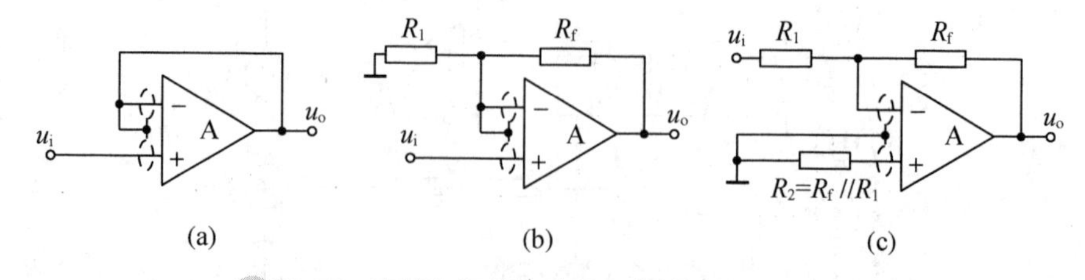

图3－56　高输入阻抗运算放大电路的抗干扰设计

高输入阻抗集成运算放大器安装在印刷电路板上时，会因引脚周围的漏电流流入高输入阻抗而形成干扰，对于此类干扰通常采用如图3－56所示的屏蔽方法加以克服，即在运算放大器的高输入阻抗引脚周围用导体构建屏蔽层，并把屏蔽层接至低阻抗回路，图3－56(a)、3－56(b)和3－56(c)分别为电压跟随器、同相运算放大器和反相运算放大器的高输入阻抗屏蔽示意图，由图可知，屏蔽层与高阻抗引脚之间的电位差近似为零，有效避免了漏电流的流入。

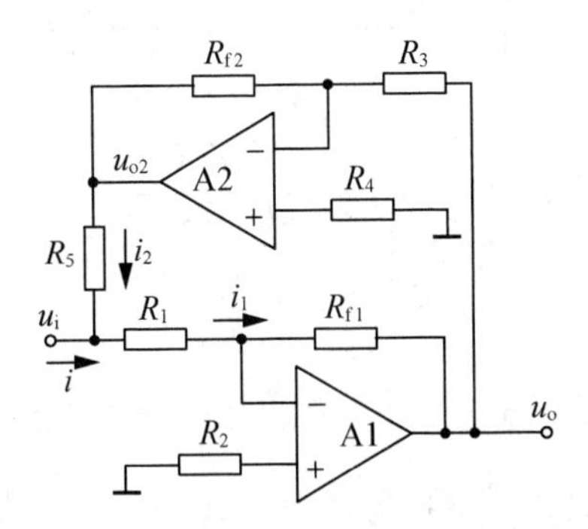

图 3-57　自举式高输入阻抗运算放大电路原理图

b. 自举式高输入阻抗运算放大电路

在某些应用场合，为了进一步提升测控运算放大电路的输入阻抗，可采用图 3-57 所示的自举式高输入阻抗运算放大电路，各参数关系如下：

$$u_o=-\frac{R_{f1}}{R_1}u_i \tag{3-18}$$

$$u_{o2}=-\frac{R_{f2}}{R_3}u_o \tag{3-19}$$

$$i=\frac{u_i}{R_1}-\frac{u_{o2}-u_i}{R_5} \tag{3-20}$$

当 $R_{f1}=R_3$，$R_{f2}=2R_1$ 时，电路的输入阻抗如式 3-21 所示。

$$R_i=\frac{u_i}{i}=\frac{R_5R_1}{R_5-R_1} \tag{3-21}$$

当 $R_5=R_1$ 时，运算放大器 A1 的输入电流将全部由运算放大器 A2 所提供，电路的输入阻抗趋于 $+\infty$。实际上，由于各电阻的匹配存在一定的偏差，因此电路的最终输入阻抗将会有所下降。

需要指出的是，测量放大电路的输入阻抗越高，输入端所引起的噪声也越大。因此，不是所有情况下都要求放大电路具有高的输入阻抗，而是应该与传感器输出阻抗相匹配，使测量放大电路的输出信噪比达到最佳值。

⑤ 低漂移运算放大电路

在多级运算放大器组成的电路中，前级的零漂会随同信号一起被后级电路放大，引起较大的输出零漂电压，因此常采用自动稳零运算放大电路实现低漂移运算放大电路。图 3-58 为自动稳零运算放大电路原理，其基本原理是将前级的失调电压存储在电容上并回送至运算放大器的输入端，从而抵消掉自身的失调电压。电路在特定频率的方波控制下进行两个阶段的工作，第一阶段为运算放大器的误差检测与存储，第二阶段为稳零和放大。

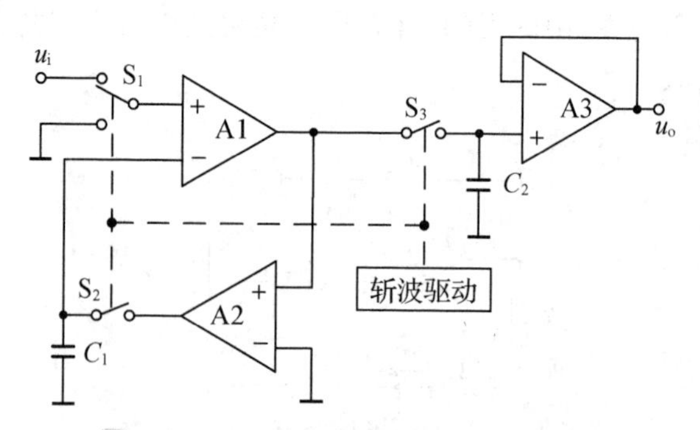

图 3-58　自动稳零运算放大电路原理图

在第一阶段，开关 S_1 接地、S_2 闭合、S_3 断开，A1 与 A2 构成单位增益负反馈运算放大电路，增益分别为 G_1 和 G_2，考虑到 A1、A2 的失调电压后，其等效电路如图 3-59(a)所示，此时存储电容 C1 上的电压 V_{C1} 及输出电压 V_{o1} 分别为：

$$V_{C1}=(V_{o1}+V_{os2})G_2 \tag{3-22}$$

$$V_{O1}=(V_{os1}-V_{C1})G_1 \tag{3-23}$$

因为 G_1G_2 远大于 1，故有：

$$V_{C1}=V_{os1}-\frac{V_{os2}}{G_1} \tag{3-24}$$

又因 G_1 远大于 1，故有：

$$V_{C1}\approx V_{os1} \tag{3-25}$$

可见自动稳零运算放大电路在此阶段实现了误差检测与存储，在第二阶段，开关 S_1 接通输入信号 u_i、S_2 断开、S_3 闭合，此时 A1、A3 构成运算放大电路，其等效电路如图 3-59(b)所示。

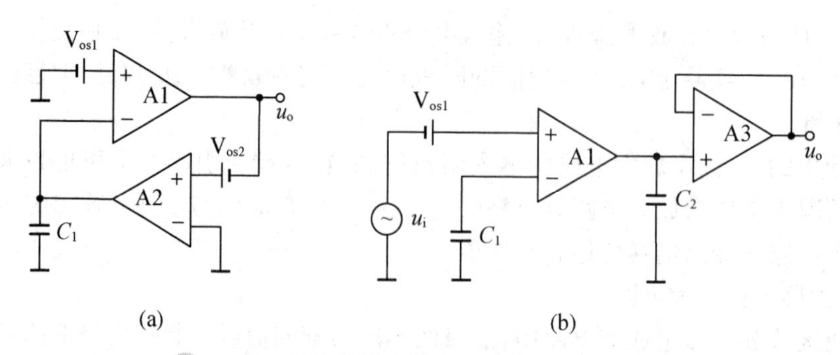

图 3-59　自动稳零运算各工作阶段等效原理图

此时，运算放大器 A3 构成电压跟随器，其输出电压与电容 C2 的端电压相等，即：

$$u_o=(u_i+V_{os1}-V_{C1})G_1=u_iG_1 \tag{3-26}$$

可见，自动稳零运算放大电路在第二阶段实现了失调电压的自动稳零与放大。

2. 多路模拟开关

当智能仪器测控系统需要对多路模拟信号进行共享A/D的采集输入时,需要使用多路模拟开关轮流切换各通道的模拟信号进行A/D转换,以达到分时测量和控制的目的,模拟开关的切换控制由智能仪器的控制芯片提供。

常用的多路模拟开关有MAX4544、AD7501和AD7506等,其中MAX4544为2选1的单刀双掷模拟开关,AD701为8选1的集成式多通道模拟开关,而AD7506则为16选1的集成式多通道模拟开关。

选用时通常需要考虑开关的导通电阻、开关导通延迟、开关闭合延迟和可通过的电信号的范围、器件功耗等参数。

AD7506导通电阻的典型值为300 Ω,开关导通延迟1 μs,开关闭合延迟1.5 μs,可通过电信范围为负供电电源至正供电电源,功耗为1 000 MW,是一款广泛使用的多路模拟开关。

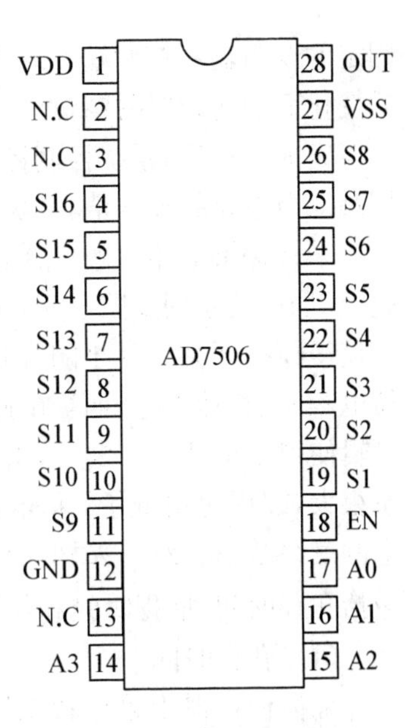

图3-60　AD7506引脚图

以AD7506为例介绍多路模拟开关,图3-60为AD7506的引脚图。

图3-61为AD7506的内部结构原理图,通道选择信号A3、A2、A1、A0及使能信号EN通过内部逻辑翻译电路和驱动电路,导通所选通道与输出端OUT之间的模拟开关。

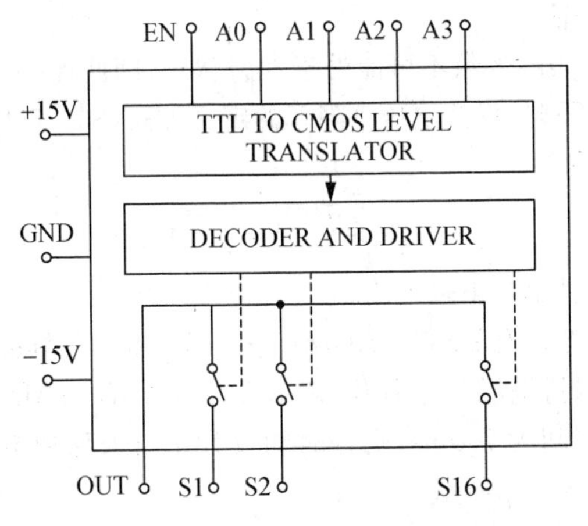

图3-61　AD7506内部结构原理图

3. 采样保持器

智能仪器的信号采集过程是一个动态的模数转换过程,需要一定的转换时间,如果输入的模拟量处于连续不断的变化状态,则必然造成转换输出的不确定性误差,即孔径误差。为了确保较小的孔径误差,则要求A/D转换器具有与之相适应的转换速度。否则,就应该在A/D转换器前加入采样/保持电路以满足系统要求。

采样保持电路(Sample/Hold)常用于智能仪器测控系统的信号采集通道中,其功能是保持A/D转换器的输入信号暂态稳定,该电路具有采样和保持两种工作状态,通常由固定的逻辑输入控制端实现选择和切换。在采样状态下，采样保持电路的输出随输入信号变化而变化；在保持状态下，电路的输出保持在保持命令发出瞬间的输入值；当A/D转换器完成转换后，系统控制逻辑即可切换采样保持电路至采样状态，此时，电路的输出立即跳变至电路的输入值，并随动至下次保持命令的到来。

采样保持电路一般由模拟开关、运算放大器和保持电容组成，其原理如图3-62所示。采样状态下，控制逻辑使得模拟开关S处于闭合状态，输入信号通过S对保持电容C_H快速充电；而当电路切换至保持状态时，控制逻辑使得模拟开关S断开，由于运算放大器A的输入阻抗很大，在理想情况下，采样电容的端电压将保持在充电的最终状态。对于采样保持器而言，典型的技术参数包括孔径时间、捕捉时间和保持电压下降率、输入电压等。

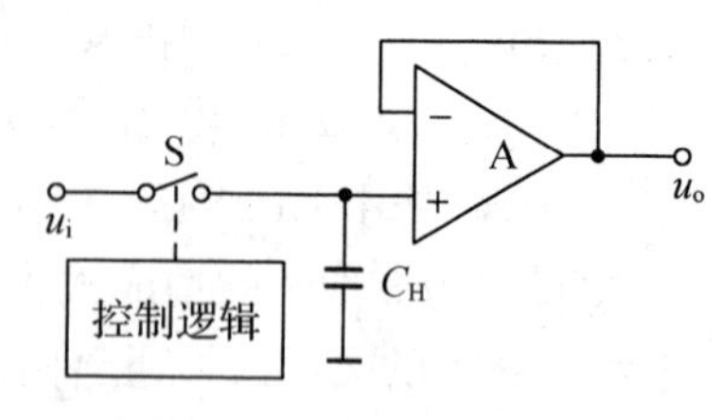

图3-62 采样保持电路原理示意图

（1）孔径时间

采样保持器由采样状态切换至保持状态过程中，从切换命令发出至内部模拟开关完全断开所需的时间。

（2）捕捉时间

采样命令发出后，采样保持器的输出从前次保持值跳变至当前输入值(误差小于规定值)所需时间。

（3）保持电压下降率

由于采样保持器的实际参数不可能处于理想状态，因此保持电容CH的端电压随着漏电时间的推移而逐渐下降，保持电压下降率的定义如式(3-27)所示。

$$\frac{\Delta V}{\Delta T}=\frac{I}{C_H} \tag{3-27}$$

式中：I——采样保持器的下降电流。

常用的采样保持器芯片有LF398、AD781等。LF398的采样捕捉时间典型值为4 μs，孔径时间约为200 ns，保持电压下降率为0.08 μV/μs；AD781；AD781为内建保持电容型高速采样保持器，捕捉时间为700 ns，孔径时间仅为75 ps，保持电压下降率为0.01 μV/μs。典型应用电路如图3-63所示。

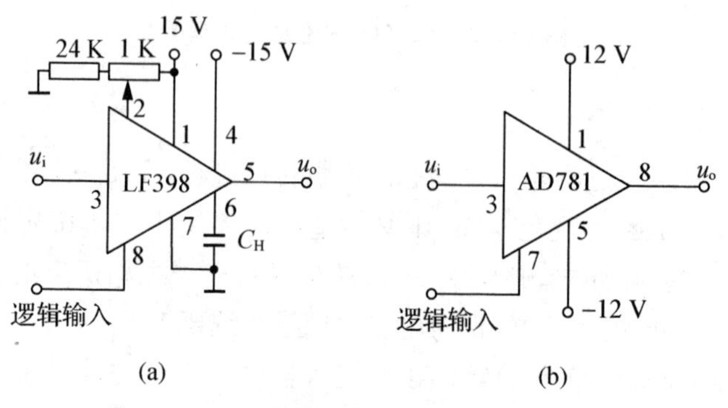

图3-63 LF398和AD781的典型应用电路

4. A/D 转换器

传感器输出的信号经过前置放大电路和采样保持器后，即可进入 A/D 转换环节，而 A/D 转换器则是完成模拟量到数字量转换的关键器件。

（1）A/D 转换器的主要选型参数

① 分辨率

分辨率是指使 A/D 输出变动 1 个最低有效位 LSB(Least Significant Bit)时输入模拟信号的对应变化量。对一个位数为 n 的 A/D 转换器，其分辨率 δ、位数 n 及满度输入 $V_{\text{FULLSCALE}}$之间的关系可表示为

$$\delta = \frac{V_{\text{FULLSCALE}}}{2^n} \tag{3-28}$$

可见分辨率与位数之间存在固定的数学关系，因此通常也用 A/D 转换器输出数字的位数来表征其分辨率，常见 A/D 转换器的位数有 8 位、10 位、12 位、14 位和 16 位，选用时需满足智能仪器测控系统的最低分辨率要求。

② 转换时间

转换时间是指 A/D 转换器从启动转换到转换结束所需的时间，该参数用来计算 A/D 转换器在单位时间所能完成的转换次数。结合待采样信号的最高频率，根据奈奎斯特采样定律进行选用。

③ 输入信号范围

即 A/D 转换器的满度输入，选用时应根据所采集的模拟信号的动态范围和极性综合考虑，选定 A/D 转换器后，可根据该器件的输入信号范围来决定模拟信号调理过程中的前置放大倍数。

④ 接口类型

A/D 转换器的转换结果输出接口有串行和并行两类，其中串行输出又有 SPI、I^2C、Microwire 等，在选用时需结合智能仪器测控系统主芯片的硬件资源进行综合考虑。

（2）常用 A/D 转换器及接口电路

① AD574

AD574 是 12 位并行输出接口的 A/D 转换器，典型转换时间为 25 μs，供电电源为±12 V～±15 V，同时需要＋5 V 数字电源。可使用片内提供的基准电压源，也可以使用外部接入的参考电压源；数据输出端口具有三态缓冲功能；输入信号范围在单极性情况下可接受 0～＋10 V 输入或 0～＋20 V 输入，双极性情况下可接受±5 V 或±10 V 输入。

AD574 的引脚如图 3－64 所示，其中 VLOGIC 是芯片所需的数字电源，接＋5 V，DGND 是数字地；

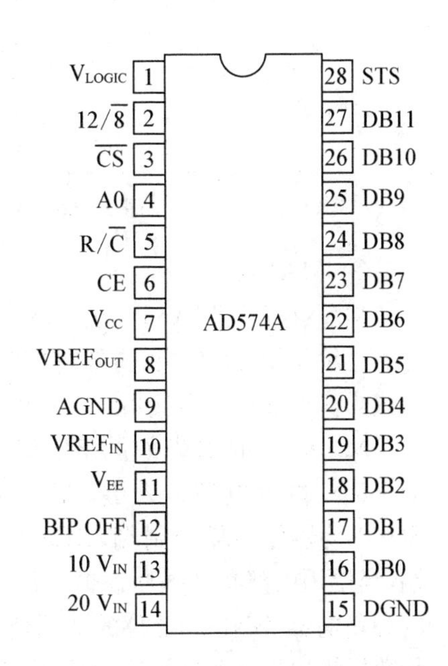

图 3－64　AD574 的引脚封装图

VCC 和 VEE 是正负模拟电源，分别接±12 V～±15 V，AGND 是对应的模拟地；VREFIN 和 VREFOUT 分别是外部参考电压的输入端和内部+10 V 参考电压源的输出端；DB0～DB11 为转换结果数据输出端，STS 为转换状态信号线。

当 AD574 的输入信号为单极性信号时，典型的连线设置如图 3－65(a)所示；当 AD574 的输入信号为双极性信号时，典型的连线设置如图 3－65(b)所示。

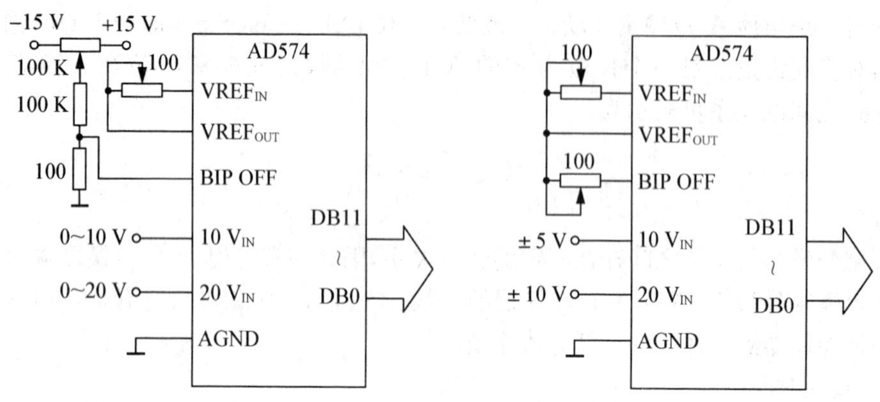

图 3－65　AD574 的不同输入极性配置图

AD574 与 MCS－51 单片机的典型接口电路如图 3－66 所示。

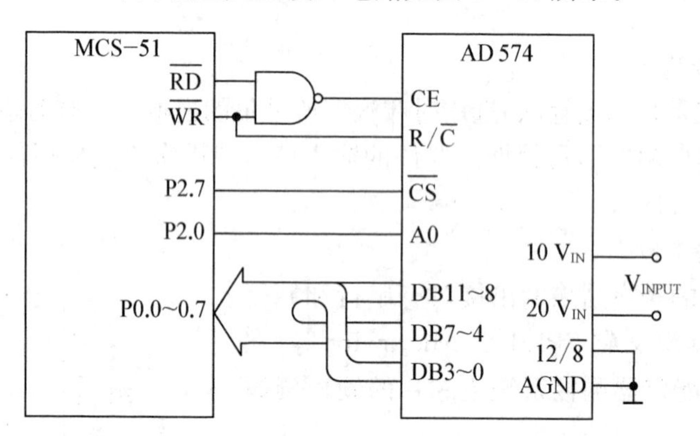

图 3－66　AD574 与 MCS－51 单片机的典型接口

② MAX187

MAX187 是 MAXIM 公司的 12 位 A/D 转换器件，工作电源为单 5 V，信号输入范围 0～4.096 V，内含采样保持器，自带 4.096 V 参考电压源，器件的转换速率为 75 Ksps，接口形式为高速 3 线串行接口。

MAX187 的引脚如图 3－67 所示，VDD 为器件的+5 V 供电电源输入端，AIN 为模拟信号输入端，$\overline{\text{SHDN}}$为器件功耗控制端，REF 为器件参考电压输入端，当使用内部参考电压源时，该端需对地外接 0.1 μF 的旁路电容，GND 为器件的电源地；DOUT 为器件的串行数据输出端；$\overline{\text{CS}}$为器件的片选信号；SCLK 为串行时

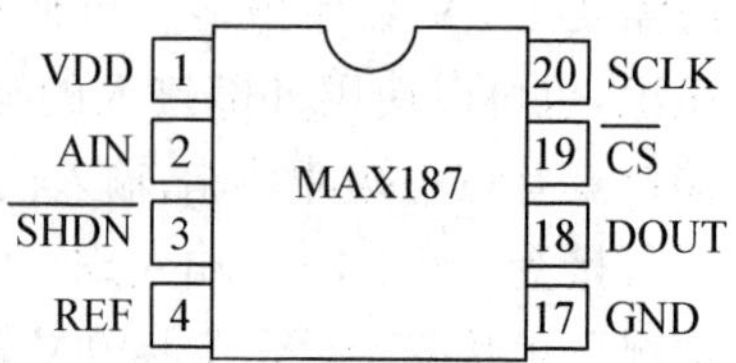

图 3－67　MAX187 的引脚图

钟输入端，最高频率 5 MHz。

二、测控网络技术

1. 网络与通信技术

（1）计算机网络概述

计算机网络是指将地理位置不同的、功能独立的各类计算机或其他数据终端设备，通过通信线路连接，以网络软件来实现资源共享和信息传递的系统。计算机网络的连接方式与结构具有多样性。计算机网络是由计算机系统、通信线路和设备、网络协议及网络软件四个部分组成。

计算机系统主要负责数据信息的收集、处理、存储和传播，提供共享资源和各种信息服务，包括各类计算机与其他数据终端设备，如终端服务器等。

通信线路和设备是数据通信系统，是连接计算机系统的桥梁，主要负责控制数据的发出、传送、接收或转发，包括信号转换、路径选择、编码与解码、差错校验、通信控制管理等，以便完成信息交换。

网络协议为网络中各个主机之间或各节点之间通信双方事先约定和必须遵守的规则。网络协议规定了分层原则、层间关系、执行信息传递过程的方向、分解与重组等规则，网络协议的实现由相关硬件和软件完成。

网络软件是在网络环境下使用和运行或者控制和管理网络工作的计算机软件。网络软件根据软件功能可分为网络系统软件和网络应用软件两大类型。网络系统软件是控制和管理网络运行、提供网络通信、分配和管理共享资源的网络软件，包括网络操作系统、网络协议软件、通信控制软件和管理软件等。网络应用软件为用户提供访问网络的手段及网络服务，资源共享和信息传输的服务。

（2）网络体系结构与协议

① 网络协议

在计算机网络中，为使各计算机之间或计算机与终端之间能正确地交换数据和控制信息，必须在有关信息传输顺序、信息格式和信息内容等方面给出一组约定或规则，规定所交换数据的格式和时序。这些为网络数据交换而定制的规则、约定和标准被称为网络协议。网络协议实质上是实体间通信时所使用的一种语言，主要由语义、语法、规则三个要素组成。

语义是对构成协议的协议元素含义的解释。不同类型的协议元素规定了通信双方所要表达的不同内容。即需要发出何种控制信息，以及要完成的动作与做出的响应。语法是用户数据与控制信息的结构与格式。即指用于规定将若干个协议元素组合在一起表达一个更完整的内容时所应遵循的格式。规则规定了事件的执行顺序。

② 分层结构

计算机网络采用层次结构，各层之间相互独立，高层并不知道低层是如何实现的，每层通过层间接口提供服务，各层实现技术的改变不影响其他层，层次结构使得复杂系统的实现和维护变得易于实现和维护。计算机网络体系结构是网络层次结构模型与各层协议的集合，网络体系结构是抽象的，其实现通过具体的软件和硬件完成。

③ 开放系统互连参考模型

国际标准化组织 ISO 于 1981 年制定了开放系统互连参考模型 OSI/RM（Open System Interconnection Reference Model），OSI/RM 并不是一个具体的网络，它只给出了一些原则性的说明，任何两个遵守 OSI/RM 的系统都可以进行互连，当一个系统能按 OSI/RM 与另一个系统进行通信时，就称为该系统为开放系统。OSI 网络系统结构参考模型如图 3－68 所示。该模型把网络通信的工作分为 7 层，由低层至高层分别称为物理层、链路层、网络层、运输层、会话层、表示层和应用层。

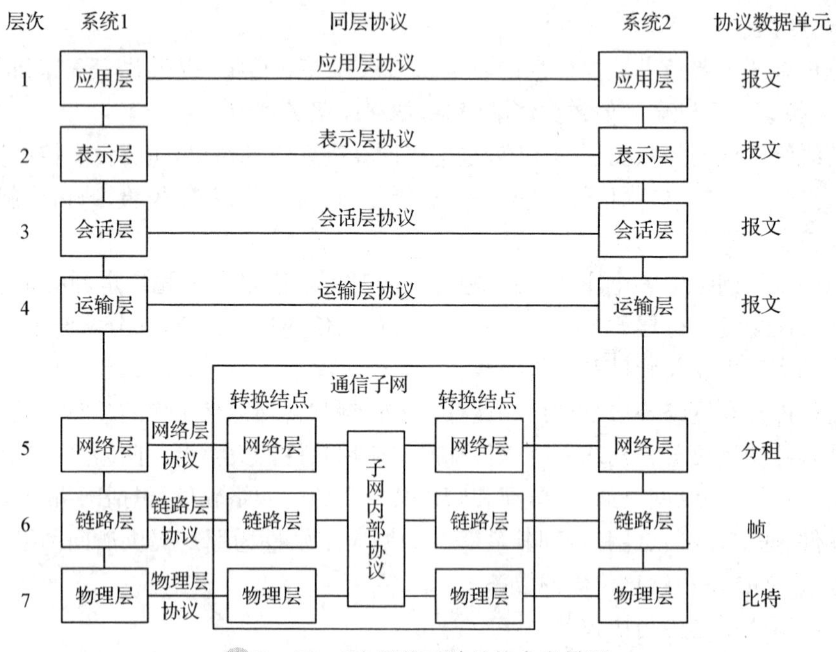

图 3－68　OSI 网络系统结构参考模型

（3）数据通信概念

① 通信系统的组成

数据通信是通信技术和计算机技术相结合的一种通信方式，一个简单的通信系统如图 3－69 所示。数据通信系统包括信源/信宿、通信信道和收发设备。

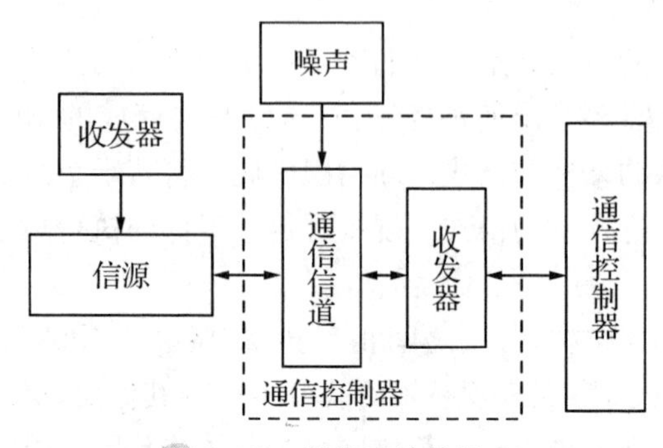

图 3－69　通信系统的组成

a. 信源

信源指信息的来源或发送者，信宿指信息的归宿或接收者。在计算机网络中，信源和信宿可以是计算机或终端等设备。

b. 通信信道

通信信道是传输信号的通路，由传输线路及相应的附属设备组成。信道有有线信道（有形的电路作为传输介质）和无线信道（以电磁波在空间传输方式传送信息的信道）。可以是模拟的，也可以是数字方式的。用以传输模拟信号的信道叫作模拟信道，用以传输数字信号的信道叫作数字信道。同一条传输线路上可以有多个信道。

c. 收发器

收发器是在信源或信宿与信道之间进行信号的变换。把通信控制器提供的数据转换成适合通信信道要求的信号形式，或把信道中传来的信号转换成可供数据终端设备使用的数据，最大限度地保证传输质量。

d. 通信控制器

通信控制器是控制数据传输的设备，它的功能除进行通信状态的连接、监控和拆除等操作外，还可接收来自多个数据终端设备的信息，并转换信息格式。

e. 噪声

在通信过程中，信道上不可避免地存在噪声，它是所有干扰信号的总称。噪声会影响原有信号的状态，干扰有效信号的传输，造成有效信号变形或失真。在计算机网络通信中应尽可能降低噪声对信号传输质量的影响。

② 基本概念

a. 信息、数据和信号

信息是人脑对客观物质的反映，可以是对物质的形态、大小、结构、性能等特性的描述，也可以是物质与外部的联系。信息的具体表现形式可以是数据、文字、图形、声音、图像和动画等。

数据是描述物体概念、情况、形势的事实、数字、字母和符号，是信息的载体与表示方式。在计算机网络系统中，数据可以是数字、字母、符号、声音和图像等形式，从广义上可理解为在网络中存储、处理和传输的二进制数字编码。

信号是数据在传输过程中的表示形式，是用于传输的电子、光或电磁编码。信号有模拟信号和数字信号之分。模拟信号是随时间连续变化的电流、电压或电磁波。用模拟信号表示要传输的数据，是指利用某个参量（如幅度、频率或相位等）的变化来表示数据。数字信号是一系列离散的电脉冲，为离散信号。用数字信号表示要传输的数据，是指利用其某一瞬间的状态来表示数据。

由此可见，数据是信息的载体，信息是数据的内容和解释，而信号是数据的编码。

b. 模拟通信和数字通信

数据通信是指发送方将要发送的数据转换成信号，并通过物理信道传送到接收方的过程。信号可以是模拟信号，也可以是数字信号，传输信道也被分为模拟数据信道和数字数据信道，数据通信可分为模拟通信和数字通信。模拟通信是指在模拟信道以模拟信号的形式来传输数据，数字通信是指在数字信道以数字信号的形式来传输数据。

c. 数据通信方式

按照字节使用的信道数，数据通信分为并行通信与串行通信两种方式。

并行通信中数据以成组的方式在多个并行信道上同时进行传输。常用的方式是将构成1个字符代码的几位二进制比特分别通过几个并行的信道同时传输。并行通信的优点是速度快，但收发两端之间有多条线路，费用高，适合于近距离和高速率的通信。并行通信被广泛应用在计算机内部总线以及并行口通信中。

串行通信中数据以串行方式在一条信道上传输。由于计算机内部都采用并行通信，数据在发送之前，要将计算机中的字符进行并/串变换，在接收端再通过串/并变换，还原成计算机的字符结构实现串行通信。串行通信收发双方只需要一条通信信道，易于实现，成本低，但速度比较低。串行通信被广泛应用在计算机通串行口及远程通信中。

根据通信双方信息的传送方向，串行通信进一步分为单工、半双工和全双工三种。信息只能单向传送为单工，信息能双向传送但不能同时双向传送称为半双工，通信线路简单，有两条通信线就行了，应用广泛；信息能够同时双向传送则称为全双工，全双工通信的效率最高，通信线至少三条(其中一条为信号地线)，相对复杂，系统造价也较高。

③ 数据通信系统的技术指标

a. 波特率

波特率是每秒钟传送的码元数，又称为码元速率 R_B，单位为 Baud/s。在数字通信系统中，数字信号是用离散值表示的，每一个离散值就是一个码元，一个码元可携带多个比特。

b. 比特率

比特率是每秒钟传送的信息量，又称为信息速率 R_b，单位 bps。对于一个用二进制表示的信号，每个码元包含1个比特信息，其信息速率与码元速率相等；对于采用 M 进制信号传输信号时，信息速率和码元速率之间的关系是：$R_b = R_B \log 2^M$。

c. 误码率

误码率是指码元在传输过程中，错误码元占总传输码元的概率，是衡量数据在规定时间内数据传输精确性的指标。在二进制传输中，误码率也称为误比特率。而计算机通信的平均误码率要求低于 10^{-9}。因此，普通通信信道如不采取差错控制技术是不能满足计算机通信要求的。

d. 信道带宽

信道带宽是指信道中传输的信号在不失真的情况下所占用的频率范围，通常称为信道的通频带，单位用 Hz 表示。信道带宽是由信道的物理特性所决定的。例如，电话线路的频率范围在 300～3 400 Hz，则它的带宽范围也在 300～3 400 Hz。

e. 信道容量

信道容量即信道的最大数据传输率，即信道传输数据能力的极限。信道容量是衡量一个信道传输数字信号的重要参数。信道容量是指单位时间内信道上所能传输的最大比特数，用 bit/s 表示。当传输速率超过信道的最大信号速率时就会产生失真。信道的最大传输速率是与信道带宽有直接联系的。

信道容量和信道带宽具有正比的关系，带宽越大，容量越高，所以要提高信号的传输率，信道就要有足够的带宽。从理论上看，增加信道带宽是可以增加信道容量的，但在实际上，信道带宽的无限增加并不能使信道容量无限增加，其原因是在实际情况下，信道中存在噪声或干扰，制约了带宽的增加。

(4) 数据传输

① 数据的传输方式

a. 基带传输

基带传输是最基本的数据传输方式，即按数据波的原样，不包含任何调制，在数字通信的信道上直接传输数字信号。传输媒体整个带宽都被基带信号占用，双向地传输信息。就数字信号而言，它是一个离散的矩形波，这种矩形波固有的频带称为基带，基带实际上就是数字信号所占用的基本频带。

基带传输不适于传输语言、图像等信息。目前大部分局域网都是采用基带传输方式的基带网。基带网的信号按位流形式传输，整个系统不用调制解调器，传输介质较宽带网便宜，可以达到较高的数据传输速率(目前一般为 10～100 Mbps)，但其传输距离一般不超过 25 km，传输距离越长，质量越低，基带网中线路工作方式只能为半双工方式或单工方式。基带传输时，通常对数字信号进行一定的编码，如非归零码 NRZ、曼彻斯特编码和差动曼彻斯特编码。

b. 频带传输

频带传输是一种采用调制、解调技术的传输形式。在发送端，采用调制手段，对数字信号进行某种变换，将代表数据的二进制数变换成具有一定频带范围的模拟信号，以适应在模拟信道上传输；在接收端，通过解调手段进行相反变换，把模拟的调制信号复原为二进制数。当采用频带传输方式时，要求发送端和接收端都要安装调制解调器。

c. 宽带传输

将信道分成多个子信道，分别传送音频、视频和数字信号，称为宽带传输。宽带是比音频带宽更宽的频带，它包括大部分电磁波频谱。宽带传输系统通过借助频带传输，可以将链路容量分解成两个或更多的信道，每个信道可以携带不同的信号，这就是宽带传输。宽带传输中的所有信道可以同时发送信号，实现多路复用，信道的容量大大增加，如 CATV、ISDN 等。

② 数据传输的同步方式

通信过程中收发双方需要高度的协同动作，在时间上保持一致，一方面码元之间要保持同步，另一方面由码元组成的字符或数据之间在起止时间上也要同步。即传输数据的速率、持续时间和间隔都必须相同，否则，收发之间会产生误差，造成传输的数据出错。实现数据传输同步常用方法有同步传输和异步传输两种。

a. 异步传输

异步传输方式，一次传输一个字符，每个字符由一位起始位引导，停止位结束，数据格式如图 3－70 所示。起始位为“0”，第 2～8 位为 7 位数据(字符)，第 9 位为数据位的奇或偶校验位，停止位为“1”，占用 1～2 位脉宽。一帧信息由 10 位、10.5 位或 11 位构成。

异步传输按照约定好的固定格式，一帧一帧地传送。在异步传输方式中，接收方根据起始位和停止位来判断一个新字符的开始和结束，从而起到通信双方的同步作用。异步方式的实现比较容易，但每传输一个字符都要用起始位和停止位作为字符开始和结束的标志，因而传送效率低，主要用于中、低速通信的场合。

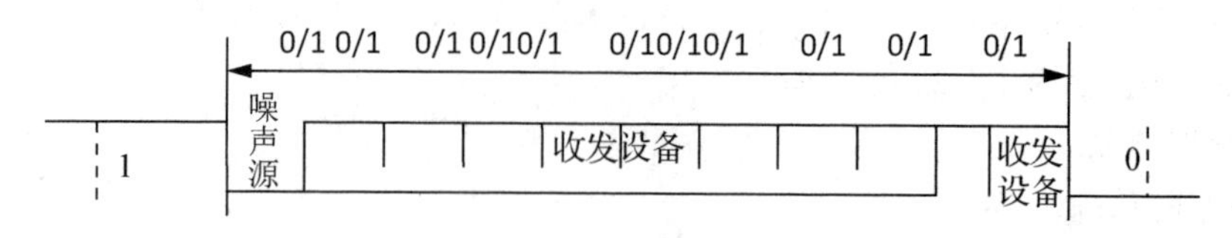

图 3-70 异步传输的数据格式

b. 同步传输

同步传输要求发送方和接收方时钟始终保持同步，即每个比特位必须在收发两端始终保持同步，中间没有间断时间。通常，同步传输方式的信息格式是一组字符或一个二进制位组成的数据块（帧）。对这些数据，不需要附加起始位和停止位，而是在发送一组字符或数据块之前先发送一个同步字符 SYN（以 01101000 表示）或一个同步字节（01111110），用于接收方进行同步检测，从而使收发双方进入同步状态。在同步字符或字节之后，可以连续发送任意多个字符或数据块，发送数据完毕后，再使用同步字符或字节来标识整个发送过程的结束。

同步传输中发送方和接收方将整个字符组作为一个单位传送，且附加位少，从而提高了数据传输的效率，该方法一般用在高速传输数据的系统，如计算机之间的数据通信。同步传输又可分为面向字符的同步和面向位的同步，如图 3-71 所示。

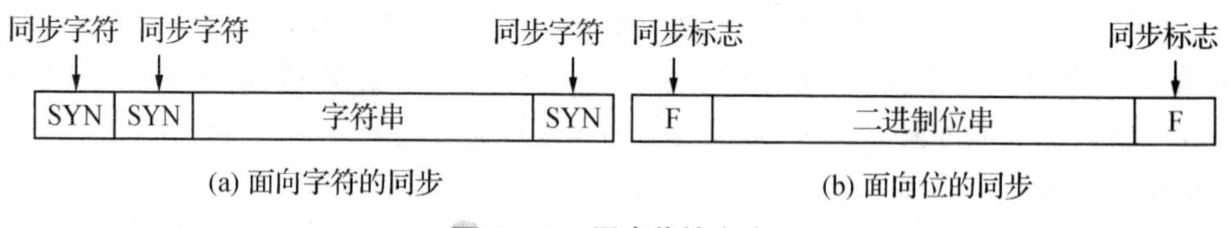

图 3-71 同步传输方式

面向字符的同步在传送一组字符之前加入 1 个（8 bit）或 2 个（16 bit）同步字符 SYN 使收发双方进入同步。同步字符之后可以连续地发送多个字符，每个字符不再需要任何附加位。接收方接收到同步字符时就开始接收数据，直到又收到同步字符时停止接收。

面向位的同步每次发送一个二进制序列，用某个特殊的 8 位二进制串 F（如 01111110）作为同步标志来表示发送的开始和结束。

③ 数据的编码和调制技术

计算机中的数据是以离散的二进制“0”“1”比特序列方式来表示的。计算机数据在传输过程中的数据编码类型主要取决于它采用的通信信道所支持的数据通信类型。网络中的通信信道分为模拟信道和数字信道，信道传输的数据也分为模拟数据与数字数据。数据的编码方法包括数字数据的编码与调制和模拟数据的编码与调制，如图 3-72 所示。

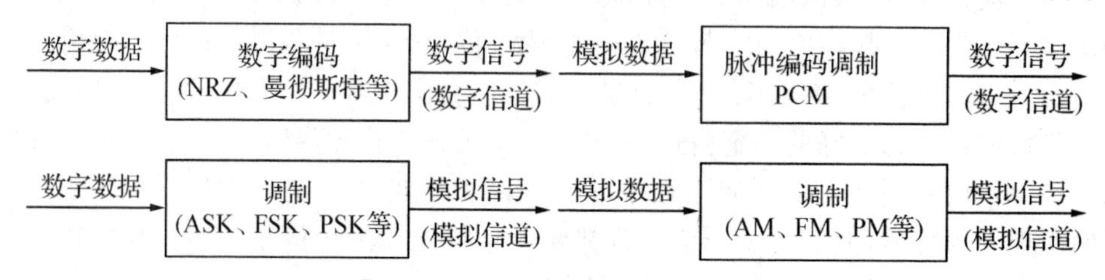

图 3-72 数据的编码和调制技术

a. 数字数据的编码

利用数字通信信道直接传输数字数据信号的方法，称作数字信号的基带传输。而数字数据在传输之前需要进行数字编码。数字数据的编码，就是解决数字数据的数字信号表示问题，即通过对数字信号进行编码来表示数据。常用的编码方法有以不归零码 NRZ（Non-return to Zero）、曼彻斯特编码（Manchester）、差分曼彻斯特编码（Difference Manchester）三种，图 3－73 为数字数据信号的编码方法。

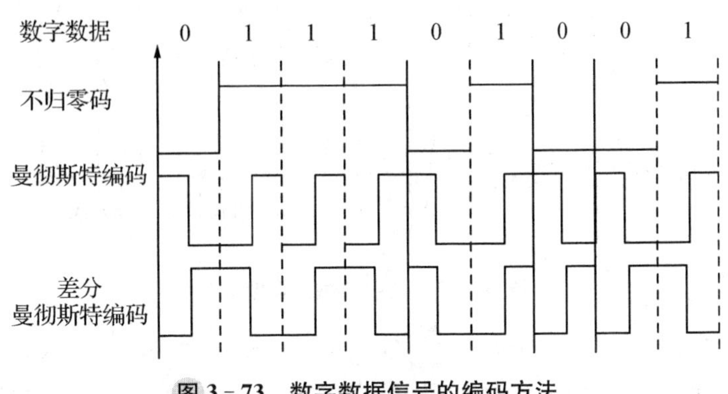

图 3－73　数字数据信号的编码方法

b. 数字数据的调制

典型的模拟通信信道是电话通信信道，传统的电话通信信道是为传输语音信号设计的，用于传输音频 300～3 400 Hz 的模拟信号，不能直接传输数字数据。为了利用模拟语音通信的电话交换网实现计算机的数字数据的传输，必须对数字数据进行调制。在发送端将数字数据信号变换成模拟信号的过程称为调制（Modulation），调制设备就称为调制器（Modulator），在接收端将模拟数据信号还原成数字数据信号的过程称为解调（Demodulation），解调设备就称为解调器（Demodulator）。若进行数据通信的发送端和接收端以双工方式进行通信时，就需要一个同时具备调制和解调功能的设备，称为调制解调器（Modem）。

模拟信号可以用 $A\cos(2\pi ft+\varphi)$ 表示，其中 A 表示波形的幅度，f 代表波形的频率，φ 代表波形的相位。根据这三个不同参数的变化，就可以表示特定的数字信号 0 或 1，实现调制的过程。数字数据的调制方法如图 3－74 所示。相应的调制方式分别称为幅移键控 ASK（Amplitude Shift Keying）、频移键控 FSK（Frequency Shift Keying）和相移键控 PSK（Phase Shift Keying）。

c. 模拟数据的编码

由于数字信号传输具有失真小、误码率低、价格低和传输速率高等特点，所以常把模拟数据转换为数字信号来传输。脉冲编码调制 PCM（Pulse Code Modulation）是模拟数据数字化的主要方法，它包括采样、量化和编码 3 个步骤。

PCM 的理论基础是奈奎斯特（Nyquist）采样定理：若对连续变化的模拟信号进行周期性采样，只要采样频率大于等于有效信号最高频率或其带宽的两倍，则采样值便可包含原始信号的全部信息，可以从这些采样中重新构造出原始信号。

采样：根据采样频率，隔一定的时间间隔采集模拟信号的值，得到一系列模拟值。

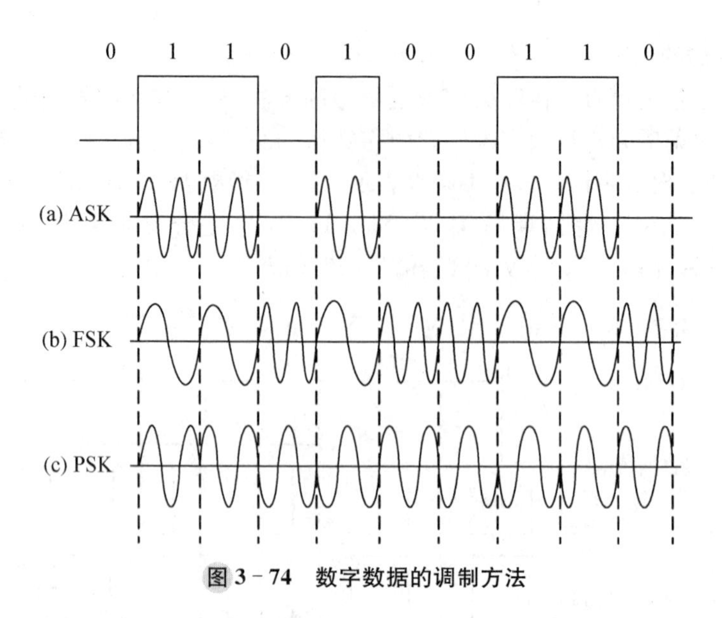

图 3－74　数字数据的调制方法

量化:将采样得到的模拟值按一定的量化级进行“取整”,得到一系列离散值。

编码:将量化后的离散值数字化,得到一系列二进制值;然后将二进制值进行编码,得到数字信号。

d. 模拟数据的调制

在模拟数据通信系统中,信源的信息经过转换形成电信号,可以直接在模拟信道上传输,由于天线尺寸和抗干扰等诸多问题,一般也需要进行调制,其输出信号是一种带有输入数据的、频率极高的模拟信号。其调制技术有调幅、调频和调相三种,最常用的是调幅和调频,如调频广播。

幅度调制是指载波的幅度会随着原始模拟数据的幅度变化而变化的技术。载波的幅度会在整个调制过程中变化,而载波的频率是相同的。频率调制是一种使高频载波的频率随着原始模拟数据的幅度变化而变化的技术。载波的频率会在整个调制过程中波动,而载波的幅度是相同的。

④ 多路复用技术

多路复用(Multiplexing)是在一条物理线路上传输多路信号来充分利用信道资源。信道复用的目的是让不同的计算机连接到相同的系统上,以共享信道资源。在长途通信中,一些高容量的同轴电缆、地面微波、卫星设施以及光缆可传输的频率带宽很宽,为了高效地利用资源,通常采用多路复用技术,使多路数据信号共同使用一条电路进行传输,即利用一个物理信道同时传输多个信号。多路复用原理示意图如图 3－75 所示。

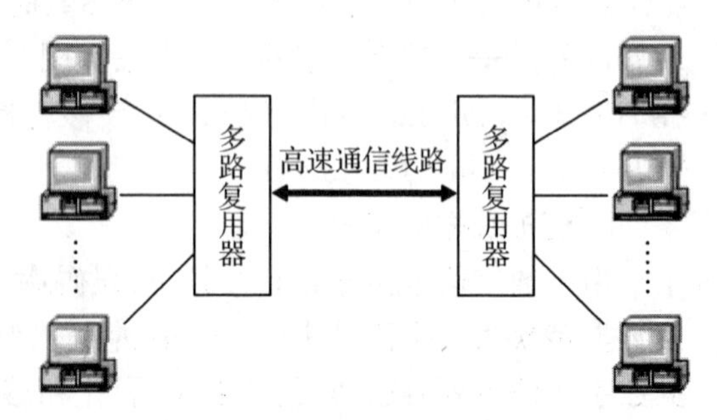

图 3－75　多路复用原理示意图

计算机网络中的信道连接方式一般有点到点和共享信通道或信道复用两种。复用技术采用多路复用器(Multiplexer)将来自多个输入电路的数据组合调制成一路复用数据,并将此数据信号送上高容量的数据链路;多路解复器接收复用的数据流,依照信道分离(分配)还原为多路数据,并将它们送到适当的输出电路上,用一对多路复用器和一条通信线路来代替多套发送、接收设备与多条通信线路。

信道复用方式主要有 4 种类型,即频分多路复用 FDM(Frequency Division Multiplexing)、时分多路复用 TDM(Time Division Multiplexing)、WDM 波分多路复用(Wave-length Division Multiplexing)和码分多路复用 CDMA(Coding Division Multiplexing Access)。

(5) 数据交换技术

数据经编码后在通信线路上进行传输的最简单形式,是在两个互联的设备之间直接进行数据通信。但是网络中所有设备都直接两两相连,显然不经济,当通信设备相隔很远时更不合适。

数据传输通常要经过中间节点将数据从信源逐点传送到信宿,实现两个互连设备之间的通信。这些中间节点并不关心数据内容,其目的只是提供一个交换设备,把数据从一个节点传送到另一个节点,直至到达目的地。通常将数据在各节点间的数据传输过程称为数据交换。数据交换技术主要是指网络中间节点所提供的数据交换功能。

在网络系统中,主要使用三种交换技术:电路交换(Circuit Exchanging)、报文交换(Message Switching)和分组交换(Packet Switching),如图 3-76 所示。

① 电路交换

电路交换也称线路交换,在电路交换中,两台计算机通过通信网络进行数据交换之前,首先要在通信网中建立一条实际的物理线路连接。在电路交换方式中,一次数据通信过程要经历电路建立、数据传输与电路拆除三个阶段。电路建立是构建一条利用中间节点构成的端到端的专用物理连接线路,数据传输是沿着已建好的线路传输数据,电路拆除是在数据传送结束后,拆除物理连接,释放该连接所占用的专用资源。

② 报文交换

报文交换是以报文为单位进行存储转发交换的技术。在发送数据时不需要事先建立一条专用通道,而是把要发送的数据作为整体交给网络节点,网络节点通常为一台专用计算机,备有足够的外存来缓存报文,每个中间节点接收一个报文之后,报文暂存在外存中,等待输出线路空闲时再根据报文中所指的目的地址转发到下一个合适的网络节点,直到报文到达目的节点。

③ 分组交换

分组交换是以分组为单位进行存储转发交换的技术。它不是以整个报文为单位进行交换的,而是以更短的、标准化的分组(Packet)为单位进行交换的。分组交换中,将大的报文分成若干个小的分组,每个分组通过交换网络中的节点进行存储转发。由于分组长度较小,可以用内存来缓冲分组,因而减少了中间节点的转发延迟,也降低了差错率。

分组交换可以分成数据报交换和虚电路交换两种方式。

数据报(Datagram)交换与报文交换相类似,在数据传输时不需要预先建立连接,当发送端有一个较长的报文要发送时,首先将报文分解成若干个较小的数据单元,每个数据

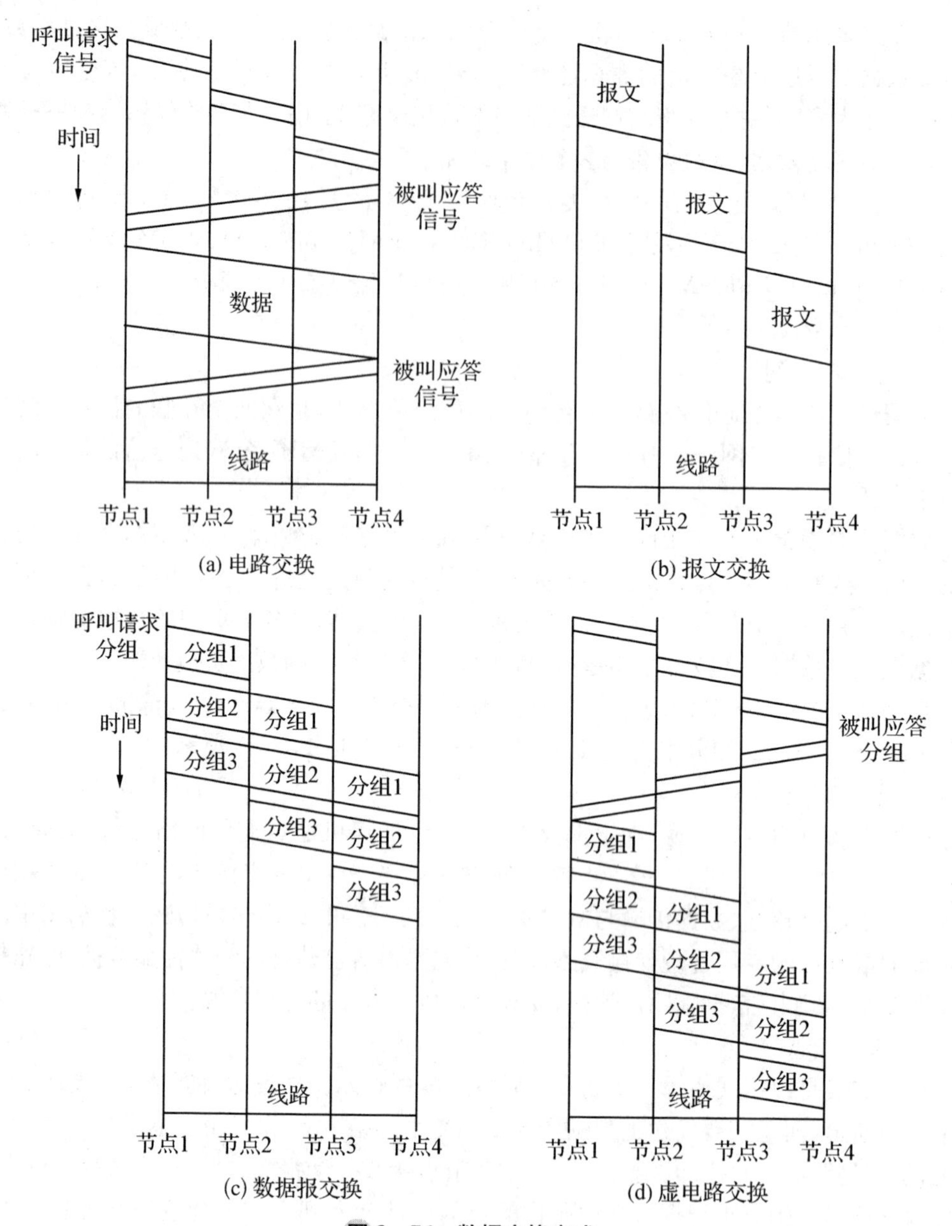

(a) 电路交换　(b) 报文交换

(c) 数据报交换　(d) 虚电路交换

图 3-76　数据交换方式

单元都要附加一个分组头并封装成分组(或称数据报),然后将各个分组发送出去。每个分组都被独立地传输,中间节点可能为每个分组选择不同的路由,这些分组到达目的端的顺序可能与发送的顺序不同,因此目的端必须重新排序分组,组装成一个完整的原始报文。

虚电路(Virtual Circuit)交换与电路交换相类似,数据传输是面向连接的,在数据传输时必须预先建立一个连接,但这种连接是基于共享线路的,而不像电路交换中的连接需要独占线路。虚电路交换也分成三个阶段:建立连接、数据传输和拆除连接。

a. 建立连接。发送端在发送数据分组之前,首先使用一个特定的建立连接请求分组建立一条逻辑连接，网络中间节点将根据该请求在发送端和目的端之间预先选择一条传输路径。由于该路径上的各段线路是共享的，并非独占的。因此，这种逻辑连接称为虚电路。

b. 数据传输。当虚电路建立起来后，发送端和目的端之间便可以在这条虚电路上交换数据，并且每个数据分组中都必须包含一个虚电路标识符，用于标识这个虚电路。由于虚电路的传输路径是预先选择好的。因此，每个中间节点只要根据虚电路标识符就能查找到相应的路径来传输这些数据分组，无须重新选择路由。

c. 拆除连接。当数据传输完毕后，任一个端点都可以发出一个拆除连接请求分组，终止这个虚电路，释放该虚电路所占用的系统资源。

可见，虚电路是一种面向连接的数据交换方式，它既不像电路交换那样需要独占线路，而是采用共享线路方式来建立连接，通过存储—转发方法实现数据交换；它又不同于数据报方式，只是在建立虚电路时选择一次路由，后续的各个分组只要使用该路由传送即可，而无须重新选择路由。

(6) 差错控制技术

根据数据通信系统的组成，当数据从信源端发出后，经过通信信道传输时，由于信道存在着一定的噪声，当数据到达信宿端后，接收的信号实际上是数据信号和噪声信号的叠加。如果噪声对信号的影响非常大时，就会造成数据的传输错误。

通信信道中的噪声分为热噪声和冲击噪声。热噪声是由传输媒体的电子热运动产生，冲击噪声是由外界电磁干扰引起的。在数据通信过程中，为了保证将数据的传输差错控制在允许的范围内，就必须采用差错控制方法。

① 差错编码

差错控制常采用冗余编码方案来检测和纠正信息传输中产生的错误。冗余编码是指在发送端把要发送的有效数据，按照所使用的某种差错编码规则加上控制码(冗余码)，当信息到达接收端后，再按照相应的校验规则检验收到的信息是否正确。常用的检错编码有奇偶校验码、循环冗余码 CRC(Cycle Redundancy Check)等。

a. 奇偶校验码

奇偶校验码是一种简单的检错码。其原理是通过增加冗余位来使得码字中“1”的个数保持为奇数(奇校验)或偶数(偶校验)。

采用奇偶校验码时，在每个字符的数据位传输之前，先检测并计算出数据位中“1”的个数，并根据使用的是奇检验还是偶检验来确定奇偶校验位，然后将其附加在数据位之后进行传输。当接收端接收到数据后，重新计算数据位中包含“1”的个数，再通过奇偶检验就可以判断出数据是否出错。奇偶校验可分为垂直奇偶校验、水平奇偶校验与水平垂直奇偶校验三种方式。

奇偶检验码被广泛地应用于异步通信中。奇偶校验码只能检测单个比特出错的情况，对于两个或两个以上的比特出错无能为力。

b. 循环冗余码 CRC

循环冗余码它先将要发送的信息数据与一个通信双方共同约定的数据进行除法运算，并根据余数得出一个校验码，然后将这个校验码附加在信息数据帧之后发送出去。接收端在接收数据后，将包括校验码在内的数据帧再与约定的数据进行除法运算，若余数为“0”，则表示接收的数据正确，若余数不为“0”，则表明数据在传输的过程中出现错误。

CRC在数据通信中用得最广泛的检错码，是一种较为复杂的检验方法，CRC码检错能力强，不仅能够检测出全部单个错误和全部随机的两位错误，同时也能检测出全部奇数个错误和全部长度小于或等于校验位的突发性错误。

② 差错控制技术

a. 前向差错控制

前向差错控制，也称为前向纠错FEC(Forward Error Correction)。接收端通过所接收到的数据中的差错编码进行检测，判断数据是否出错。若使用了差错纠错编码，当判断数据存在差错后，还可以确定差错的具体位置，并自动加以纠正。当然，差错纠错编码也只能解决部分出错的数据，对于不能纠正的错误，就只能使用自动重传请求ARQ(Automatic Repeat-reQuest)的方法予以解决。

b. 自动重传请求

接收端检测到接收信息有错后，通过反馈信道要求发送端重发原信息，直到接收端认可为止，从而达到纠正错误的目的。自动重传请求包括停止等待ARQ和连续ARQ方式。

(7) 传输介质

传输介质分有线传输介质与无线传输介质两大类。有线传输介质包括双绞线、同轴电缆和光缆等介质，普通双绞线可以传输低频与中频信号，同轴电缆可以传输低频到特高频信号，光缆可以传输可见光信号。无线传输介质包括无线电、微波、卫星、移动通信等各种通信介质。

① 有线传输介质

a. 双绞线

双绞线是一种最广泛的传输介质，由绞合在一起的两根绝缘导线组成，可以减少电磁干扰，提高传输质量。双绞线比较适合于短距离的信号传输，既可用于传输模拟信号，也可用于传输数字信号，信号传输速率取决于双绞线的芯线材料、传输距离、驱动器与接收器能力等诸多因素。双绞线有多种类型，不同类型的双绞线所提供的带宽各不相同。局域网中所使用的双绞线有无屏蔽双绞线UTP(Unshielded Twisted Pair)和屏蔽双绞线STP(Shielded Twisted Pair)两类。

b. 同轴电缆

同轴电缆由绕在同一轴线的两个导体所组成的，即内导体(铜芯导线)和外导体(屏蔽层)，外导体的作用是屏蔽电磁干扰和辐射，两导体之间用绝缘材料隔离。

常用的同轴电缆有两大类:基带同轴电缆与宽带同轴电缆。基带同轴电缆用于局域网传输数字信号的50 Ω的粗缆和50 Ω的细缆，最大距离限制在几公里范围内。宽带同轴电缆用于宽带传输模拟信号的75 Ω电缆最大距离可达几十公里左右，同轴电缆抗干扰能力较强，基带同轴电缆的误码率低于10^{-7}，宽带同轴电缆的误码率低于10^{-9}。

c. 光缆

光缆是光纤电缆的简称，是传送光信号的介质，它由纤芯、包层和外部一层的增强强度的保护层构成。纤芯是采用二氧化硅掺以锗、磷等材料制成，呈圆柱形。外面包层用纯二氧化硅制成，它将光信号折射到纤芯中。光纤分单模和多模两种，单模只提供一条光通路，在无中继的条件下，传输距离可达几十千米，多模有多条光通路，在无中继的情况下。传输距离可达几千米。单模光纤容量大，传输距离比多模远，价格较贵。光纤只能作单向传输，如需双向通信，需要成对使用。

光缆是目前计算机网络中最有发展前途的传输介质，具有传输距离远、速度快的显著特点，它的传输速率可高达 1 000 Mbps，误码率低，衰减小，传播延时很小，并有很强的抗干扰能力。大规模应用于骨干网络的远距离数据传输，在局域网中应用也非常广泛。

② 无线传输介质

电磁波按照频率由高到低排列可分为无线电波、微波、红外线、可见光、紫外线、X 射线和 γ 射线。目前用于通信的主要有无线电波、微波、红外线、可见光。

对于无线媒体，发送和接收都是通过天线实现的。在发送时，天线将电磁能量发射到媒体(通常是空气)中；接收时，天线从周围的媒体中获取电磁波。

a. 无线通信

无线通信所使用的无线电波频段覆盖从低频到特高频。例如：调幅无线电使用中波(中频)MF(300 kHz～3 MHz)，短波无线电使用高频 HF(3 MHz～30 MHz)，调频无线电广播使用甚高频 VHF(30 MHz～300 MHz)，电视广播使用甚高频到特高频 UHF(30 MHz～3 GHz)。

目前，802.11 系列无线局域网使用无线电波作为传输介质，主要使用 2.4 GHz 的无线电波频段。应用于无线上网的蓝牙(Bluetooth)技术也使用无线电波中的 2.4 GHz 频段。

b. 微波通信

微波通信系统有两种形式：地面系统和卫星系统。微波通信频率在 100 MHz 到 10 GHz的微波信号进行通信。微波天线最常见的类型是抛物面天线，固定使用，将电磁波聚集成细波束，从而在可视区内发送给接收天线。微波使用需要有关部门批准。

微波在空间是直线传播，传播距离受限，一般只有 50 km 左右。为实现远距离通信，必须在一条微波信道的两个端点之间建立若干个中继站，地面微波接力通信。微波通信主要用于不适合铺设有线传输介质的情况，而且只能用于点到点的通信，速率也不高，一般为几百 kbps。

c. 移动通信

早期的移动通信系统采用大区制的强覆盖区，即建立一个无线电台基站，架设很高的天线塔(高于 30 m)，使用很大的发射功率(50～200 W)，覆盖范围可以达到 30～50 km。目前的移动通信系统将一个大区制覆盖的区域划分成多个小区(Cell)，每个小区制的覆盖区域设立一个基站(BS)，通过基站在用户的移动站(SS)之间建立通信。小区覆盖的半径较小，一般为 1～10 km，因此可用较小的发射功率实现双向通信。这样，由多个小区构成的通信系统的总容量将大大提高。由若干小区构成的覆盖区叫作区群。由于区群的结构酷似蜂窝，因此将小区制移动通信系统叫作蜂窝移动通信系统。

在无线通信环境中的电磁波覆盖区内，如何建立用户的无线信道的连接就是多址连接问题，解决多址接入的方法称为多址接入技术。在蜂窝移动通信系统中，多址接入方法主要有3种:频分多址接入FDMA、时分多址接入TDMA和码分多址接入CDMA,其技术核心是多路复用。

d. 卫星通信

卫星通信是指利用人造卫星进行中转的通信方式。卫星通信系统是通过卫星微波形成的点到点通信线路,是由两个地球站(发送站、接收站)与一颗通信卫星组成的。地面发送站使用上行链路向通信卫星发射微波信号。卫星起到一个中继器的作用,它接收通过上行链路发送来的微波信号,经过放大后使用下行链路发送回地面接收站。

卫星通信系统也是微波通信的一种,只不过其中继站设在卫星上。卫星通信可以克服地面微波通信距离的限制。一个同步卫星可以覆盖地球的三分之一表面,三个这样的卫星就可以覆盖地球上全部通信区域,实现地球上的各个地面站之间的互相通信。卫星通信优点是容量大、距离远,具有广播能力、多站可以同时接收一组信息,但是存在传输延迟。

e. 红外通信

红外(Infrared)通信是指利用红外线进行的通信。红外线的方向性很强,不易受电磁波干扰。在视野范围内的两个互相对准的红外线收发器之间通过将电信号调制成非相干红外线而形成通信链路,可以准确地进行数据通信。红外通信无须申请频率,被广泛应用于短距离的通信,如电视机、空调的遥控器。

2. *局域网技术*

(1) 局域网概述

局域网是将有限的地理范围内的各种数据通信设备连接在一起,实现数据传输和资源共享的计算机网络。连到局域网的数据通信设备必须加上高层协议和网络软件才能组成计算机网络。

① 局域网的特点

a. 覆盖范围小。局域网中各节点分布的地理范围较小,通常在几米到几十千米之间,如一个学校、企事业单位。

b. 传输速率高。由于通信线路较短,故可选用高性能的介质做通信线路,使线路有较宽的频带,提高通信速率,缩短延迟时间。共享式局域网的传输速率通常为1 Mbps～100 Mbps,交换式局域网技术的传输速率为10 Mbps～100 Mbps,目前已达到1 Gbps。

c. 传输延时小。一般在几毫秒到几十毫秒之间。

d. 误码率低,可靠性高。局域网通信线路短,出现差错的机会少,噪声和其他干扰因素影响小,局域网的误码率可达10^{-11}～10^{-8}。

e. 介质适应性强。在局域网中可采用价格低廉的双绞线、同轴电缆或价格昂贵的光纤,也可采用微波信道。

f. 结构简单,成本低,易于实现。

② 局域网的基本组成

建立局域网时,必须将计算机与网络设备连接起来,根据不同的局域网联网技术,使用的网络设备不尽相同。局域网包括网络硬件和网络软件两大部分,网络硬件用于实现局域网的物理连接，为连接在局域网上的各计算机之间的通信提供一条物理通道，网络软件用来控制并具体实现通信双方的信息传递和网络资源的分配与共享。

网络硬件由计算机系统和通信系统组成，局域网硬件主要包括：网络服务器、网络工作站、网络接口卡、网络设备、传输介质及介质连接部件，以及各种适配器等。网络软件分为网络系统软件和网络应用软件。网络系统软件主要包括：网络操作系统(NOS)、网络协议软件和网络通信软件等。常用的网络操作系统有：Windows NT、Windows 2000 Server、Unix 和 Netware，网络协议软件有 TCP/IP 和 SPX/IPX，通信软件有各种类型的网卡驱动程序等。常用的网络应用软件有：网络管理监控程序、网络安全软件、分布式数据库、管理信息系统、Internet 信息服务、远程教学等。图 3-77 所示为局域网基本组成示意图。

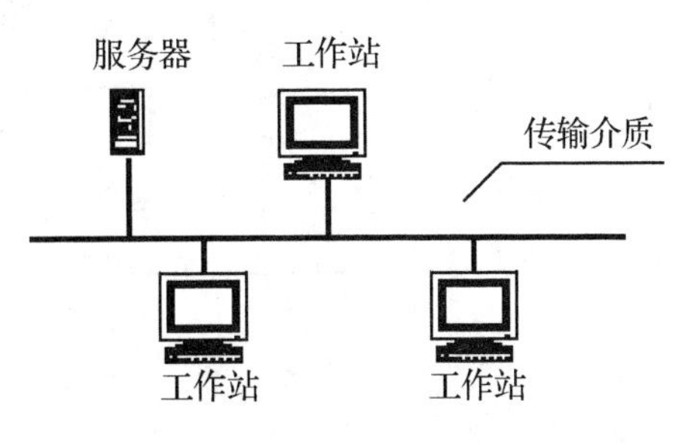

图 3-77　局域网基本组成示意图

(2) 局域网介质访问控制方式

局域网介质访问控制是局域网的基本任务，对局域网体系结构、工作过程和网络性能产生决定性的影响。局域网介质访问控制方式主要解决介质使用权问题，实现对网络传输信道的合理分配，用于确定网络节点将数据发送到介质上去的时刻和解决如何对公用传输介质访问和利用并加以控制。传统的局域网介质访问控制方式有三种：带有冲突碰撞检测的载波监听多路访问 CSMA/CD、令牌环(Token Ring)、令牌总线(Token Bus)。

① 载波监听多路访问/冲突检测(CSMA/CD)

CSMA/CD(Carrier Sense Multiple Access with Collision Detection)是一种适用于总线结构的分布式介质访问控制方法，CSMA/CD 发送时的工作过程分为载波监听总线和总线冲突检测两部分。

a. 载波监听总线，即先听后发

使用 CSMA/CD 方式时，总线上各节点都在监听总线，即检测总线上是否有别的节点发送数据。如果发现总线是空闲，没有检测到有信号正在传送，则可立即发送数据。如果监听到总线忙，即检测到总线上有数据正在传送，这时节点要持续等待直到监听到总线空闲时才能将数据发送出去，或等待一个随机时间，再重新监听总线，一直到总线空闲再发送数据。

b. 总线冲突检测，即边发边听

当两个或两个以上节点同时监听到总线空闲，开始发送数据时，会发生碰撞，产生冲突。另外，传输延迟可能会使第一个节点发送的数据未到达目的节点，另一个要发送数据的节点就已监听到总线空闲，并开始发送数据，这也会导致冲突的产生。发生冲突时，两个传输的数据都会被破坏，使数据无法到达正确的目的节点。为确保数据的正确传输，每一节点在发送数据时要边发送边检测冲突。当检测到总线上发生冲突时，就立即取消传输数据，随后发送一个短的干扰信号，以加强冲突信号，保证网络上所有节点都知道总线上已经发生了。在阻塞信号发送后，等待一个随机时间，然后再将要发送的数据发送一次。如果还有冲突发生，则重复监听、等待和重传的操作。图 3-78 显示了采用 CSMA/

CD 方法的流程图。

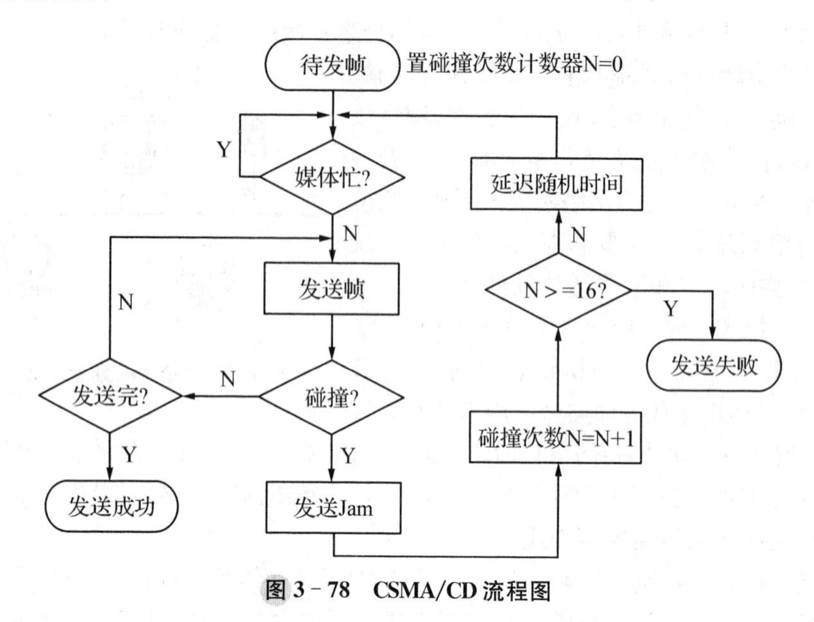

图 3-78　CSMA/CD 流程图

② 令牌环访问控制(Token-Ring)

令牌环访问控制是流行的环形网络访问技术,该技术的基础是令牌。令牌是一种特殊的帧,用于控制网络节点的发送权,只有持有令牌的节点才能发送数据。由于只有一个令牌,一次只能有一个站点发送,发送节点在获得发送权后就将令牌删除,在环路上不会再有令牌出现,其他节点也不可能再得到令牌,保证环路上某一时刻只有一个节点发送数据,令牌环技术不存在争用现象,它是一种无争用型介质访问控制方式。

当令牌环正常工作时,令牌总是沿着物理环路单向逐节点传送,传送顺序与节点在环路中的排列顺序相同。当某一个节点要发送数据时,它须等待空闲令牌的到来。它获得空令牌后,将令牌置"忙",并以帧为单位发送数据。如果下一节点是目的节点,则将帧拷贝到接收缓冲区,在帧中标志出帧已被正确接收和复制,同时将帧送回环上,否则只是简单地将帧送回环上。帧绕行一周后到达源节点后,源节点回收已发送的帧,并将令牌置"闲"状态,再将令牌向下一个节点传送。图 3-79 给出了令牌环的基本工作过程。令牌环的主要优点在于其访问方式具有可调整性和确定性,每个节点具有同等的介质访问权,还提供优先权服务,具有很强的适用性。其主要缺点是令牌环维护复杂,实现较困难。

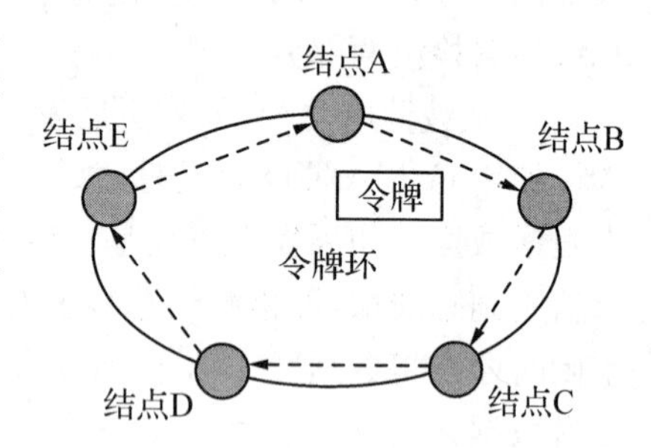

图 3-79　令牌环的基本过程

③ 令牌总线访问控制(Token-Bus)

令牌总线访问控制综合了 CSMA/CD 与令牌环两种介质访问方式的特点。图 3-80 给出了令牌总线的工作过程。令牌总线主要适用于总线形或树形网络。采用此种方式时,各节点共享的传输介质是总线形的,每一节点都有一个本站地址,并知道上一个节点地址和下一个节点地址，令牌传递规定由高地址向低地址，最后由最低地址向最高地址依次循环传递，从而在一个物理总线上形成一个逻辑环。环中令牌传递顺序与节点在总线上的物理位置无关。

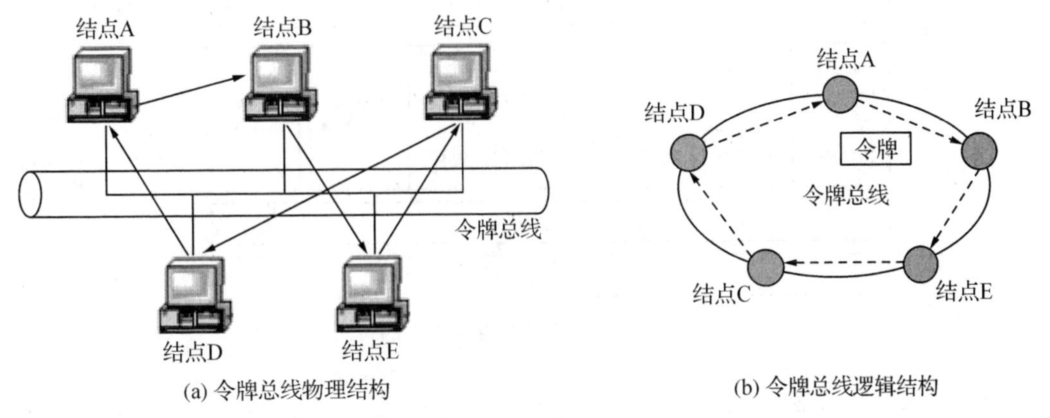

图 3-80　令牌总线的工作过程

与令牌环一致，令牌总线只有获得令牌的节点才能发送数据。在正常工作时，当节点完成数据帧的发送后，将令牌传送给下一个节点。从逻辑上看，令牌是按地址的递减顺序传给下一个节点的，从物理上看，带有地址字段的令牌帧广播到总线上的所有节点，只有节点地址和令牌帧的目的地址相符的节点才有权获得令牌。

（3）局域网参考模型和 IEEE 802 标准

① 局域网参考模型

国际上通用的局域网标准由 IEEE 802 委员会制定。IEEE 802 委员会根据局域网适用的传输媒体、网络拓扑结构、性能及实现难易等因素，为局域网制定了一系列标准，称为 IEEE 802 标准，已被 ISO 采纳为国际标准。局域网的体系结构一般仅包含 OSI 参考模型的最低两层：物理层和数据链路层，如图 3-81 所示。

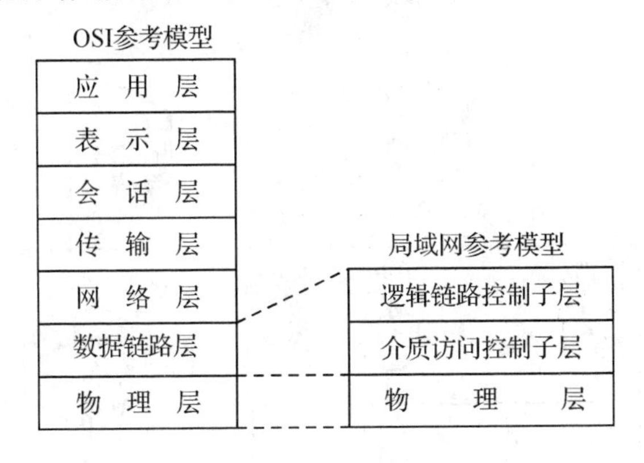

图 3-81　局域网参考模型

② IEEE 802 标准

IEEE 802 局域网标准委员会为局域网制定了不同的标准，统称为 IEEE 802 标准，适用于不同的网络环境。IEEE 802 各标准之间的关系如图 3-82 所示。

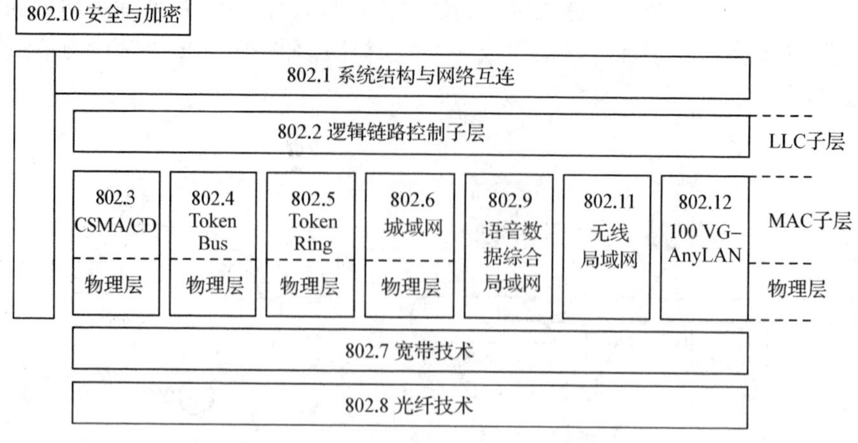

图 3-82　IEEE 802 各标准之间的关系

3. 企业信息网络

(1) 企业信息网概述

企业信息网络，简称企业网，是在企业范围内将各类测控设备、网络、计算、存储等资源连接在一起，提供企业内的通信和信息共享以及企业外部的信息访问，用于经营、管理、调度、监测与控制的全局通信网络，提供面向客户的企业信息查询及信息交流等功能的计算机网络。

(2) 企业网网络结构

① Intranet、Extranet 与 Internet

企业网常用的网络有 Intranet、Extranet、Internet 三种结构，企业应根据各自信息化的不同需要而有针对性地进行选择实施。Extranet、Intranet、Internet 的示意图如图 3-83 所示。

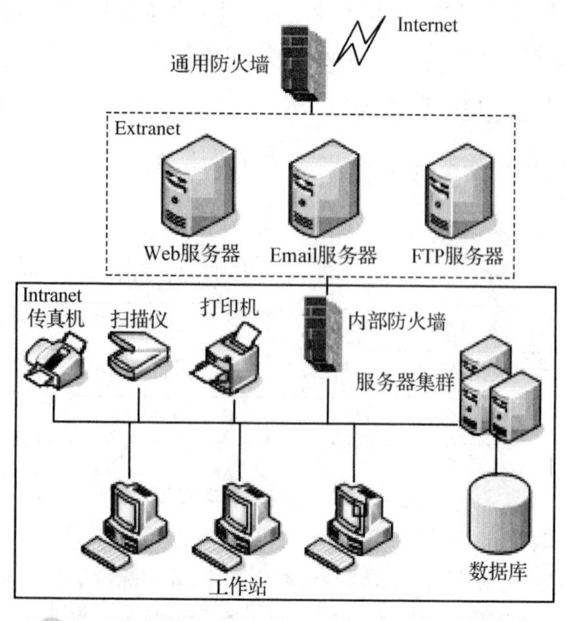

图 3-83　Intranet、Extranet、Internet 关系示意图

a. Internet

Internet 是一个计算机交互网络，也称因特网或国际互联网，其前身是 ARPANET。因特网是一组全球信息资源的总汇，它由那些使用公用语言互相通信的计算机连接而成的全球网络。Internet 以相互交流信息资源为目的，基于一些共同的协议，并通过许多路由器和公共互联网而成，它是一个信息资源和资源共享的集合。为了保证计算机之间的信息交流，制定了 TCP/IP 通信协议，可以使各种不同位置、不同型号的计算机可以在 TCP/IP 的基础上实现信息交流。

b. Intranet

Intranet 是 Internal Internet 的缩写，是企业内部网或企业内联网，目的是实现企业内部的信息交流和共享，包括获取信息和提供信息，还可与数据库服务器连接，支持企业的决策支持系统。它在企业各部门现有网络上增加一些特定的软件，使企业已有网络连接起来，服务于企业的内部机构和人员，还提供局域网与因特网的互联接口，使企业和广阔的外部信息世界连通，获取所需要的信息，促进企业组织结构的优化和管理。

相比因特网，Intranet 的网络规模有限，管理权限集中，可以有效地进行用户身份鉴别，安全性好，易于配置管理、内部信息管理等。Intranet 可以看成是因特网、局域网等技术的集成物，可连接到因特网上，利用因特网提供的丰富信息资源和各种服务。在不需要的情况下，也可以与因特网断开，成为相对独立的网络。

Intranet 的特点如下：

采用基于 Internet 技术和基于 Web 的应用系统，采用标准化，容易集成各种已有信息系统，易与 LAN/WAN 结合。

可从传统企业网发展到 Intranet，继续利用原有资源。

建设 Intranet 周期短，规模有伸缩性。

采用防火墙等强有力的安全措施，防范来自 Internet 的非法入侵。

支持多媒体应用。

c. Extranet

Extranet 是企业外延网或企业外联网，是一种与外部世界有相对隔离的内部网络，Extranet 使用因特网/内联网技术使企业与其客户和其他相关企业相连，完成共同目标的交互式合作网络。

Extranet 是 Intranet 向外部的延伸，用于有关联企业之间的联结和信息沟通，为企业间合作的纽带。服务对象既不限于企业内部的机构和人员，也不像 Internet 那样，完全对外开放服务，而是有选择地扩大到与本企业相关联的供应商、代理商和客户等。

企业往往通过 Internet 等公共互联网络与分支机构或其他公司建立 Extranet，进行安全的通信。需要解决 Intranet 与这些远程节点连接所用的公共传输网的安全、费用和方便性的问题。目前最常用且有效的技术是虚拟专用网 VPN(Virtual Private Network)。

Extranet 的特点如下：

采用 Internet 技术和基于 Web 的应用系统。

在保证企业核心数据安全的前提下，扩大对网络的访问范围，让商业伙伴甚至客户访问，制定特定的应用策略，可以让外部用户访问优先权高于内部。

设置防火墙确保网络安全问题。

Extranet 面对三种处理类型：数据库查询型，企业内部存储的信息向外部开放，其主体是 WWW 提供的信息和条件检索功能的组合。交易型，企业与交易点进行信息交换。群件型，多个企业形成的共同事业和共同项目开发的处理。

(3) 企业信息网层次结构

企业信息网综合了信息网与控制网络。典型的企业信息网层次结构为三层网络结构，从低到高层次依次为现场设备层、监控调度层和信息管理层，如图 3－84 所示。

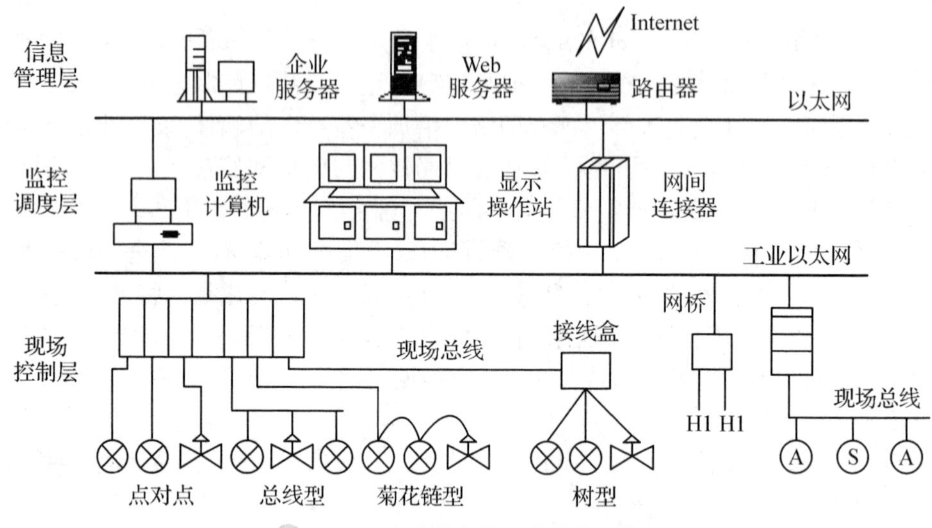

图 3－84　企业信息网层次结构示意图

(4) 企业网互联与设备

① 企业网互联

网络互连是通过相应的技术手段将分布在不同地理位置的网络或网络与远程工作站之间进行物理和逻辑上的连接，以组成更大规模的计算机网络系统，实现更大范围的资源的高度共享和文件传输。

企业网络一般包括处理企业管理与决策信息的信息网络和处理企业现场实时测控信息的控制网络两部分。控制网络和信息网络融合是为了实现网络间的信息与资源的共享，将底层的实时信息传送到控制网络，为企业的管理决策提供重要的信息。控制网络与信息网络的集成技术主要有：互联技术、远程通信技术、动态数据交换技术、数据库访问技术等。

信息网络一般采用开放的数据库系统，这样，通过数据库访问技术可实现控制网络与信息网络的集成。信息网络的一个浏览器接入控制网络，基于 WEB 技术，通过浏览器可与信息网络数据库进行动态的、交互式的信息交换，实现控制网络与信息网络的集成。

控制网络与信息网络集成的最终目标是实现管理与控制的一体化、统一的、集成的企业网络，为企业实现高效益、高效率、高柔性提供强有力的支持。相比其他控制网络而言，工业以太网在与信息网络集成方面具有得天独厚的优势。

② 网络互联设备

a. 中继器(Repeater)

中继器是工作于 OSI 物理层的网络连接设备，要求每个网络在数据链路层以上具有相同的协议。计算机网络的覆盖范围会因为所使用的传输介质的限制，信号传输到一定距离就会因衰减导致接收设备无法识别该信号，使用中继器可扩大网上的所有信号(包括 CSMA/CD 碰撞)，并将其放大、再生发送，从而扩展网络信号的传输距离。中继器虽然延伸了网络，但从网络层看仍然是一个网络，常被看成是网段的连接设备而不是网络互联设备。

b. 网桥(Bridge)

网桥又被称为桥接器，工作在 OSI 参考模型的数据链路层，要求每个网络在网络层以上各层中采用相同或兼容协议。网桥一般用于互连两个运行同类型的 LAN，而网络的拓扑结构、通信介质和通信协议可以不同。

网桥以接收、存储、地址过滤与转发的方式实现两个互联网络之间的通信，并实现大范围局域网的互联。网桥可以分隔两个网络之间的通信量，有利于改善互联网络的性能。若是同网络内的信息传递，则网桥不进行复制和转发，否则转发。当两个 LAN 之间采用两个或两个以上的网桥互联时，由于网桥转发广播数据包，易产生广播风暴。

c. 交换机(Switch)

交换机是一种用于电信号转发的网络设备，属于数据链路层，还能解析 MAC 地址信息。交换机的所有端口都共享同一指定的带宽，这种方式比网桥的性价比要高。交换机的每一个端口都扮演一个网桥的角色，交换机可以把每一个共享信道分成几个信道。它可以为接入交换机的任意两个网络节点提供独享的电信号通路。最常见的交换机是以太网交换机。

为了提高带宽的使用效率，交换机可以从逻辑上把一些端口归并为一个广播域，从而来组建虚拟局域网。这些端口不一定在同一个交换机内，甚至可能不在同一段。虚拟局域网包括服务器、工作站、打印机或其他任何能连接交换机的设备。

使用虚拟局域网，一个很大的好处就是它可以连接不处于同一地理位置的用户，而且可以从一个大型局域网中组建一个较小的工作组。其特征是一个跨接不同物理局域网网段内节点所形成的逻辑局域网段，其作用是：便于用户在网间内移动以及阻止广播风暴。

d. 路由器(Router)

路由器是一种能连通不同的网络或网段的互联设备，工作在 OSI 模型的网络层。通常用来互联局域网和广域网或者实现在同一点两个以上的局域网的互联。是目前用来构建 Internet 骨干网的核心互联设备。

路由器的功能主要包括网络互联、数据处理与网络管理。网络互联：路由器支持各种局域网和广域网接口，主要用于互联局域网和广域网，实现不同类型网络互相通信。数据处理：提供数据包的过滤、数据包的寻址和转发、优先级、复用、加密、压缩和防火墙等功能。网络管理：路由器提供包括配置管理、性能管理、容错管理和流量控制等功能。

e. 网关(Gateway)

网关又称网间协议变换器，用于连接采用不同通信协议的网络，实现网络间的数据传输的网络互联设备。集线器、交换机、网桥和路由器主要用于网络层以下有差异的子网的互联，互联后的网络仍然属于通信子网的范畴。采用网桥或者路由器连接两个或者两个以上的网络时，都要求互相通信的用户节点具有相同的高层通信协议。如果两个网络完全遵循不同的体系结构，则无论是网桥还是路由器都无法保证不同网络的用户之间的有效通信。

网关是传输层及其以上层次的互联设备。执行网络层以上高层协议的转换，或者实现不同体系结构的网络协议转换的互联，主要用于不同体系结构网络的互联。

三、工业以太网技术

1. 以太网与 TCP/IP

（1）以太网

802.3 局域网最早源于美国施乐公司 Xerox、DEC 与 Intel 三家公司合作研究 10 Mbps的 Ethernet 实验系统，于 1980 年第一次公布了 Ethernet 的物理层、数据链路层规范，1981 年 11 月公布了 Ethernet V2.0，随后该标准成为 IEEE 802.3 的基础。

以太网是基于总线型的广播式网络，它是最成功的局域网技术，也是应用最广泛的一种局域网。以太网技术先进，使用成熟，价格低廉、易扩展、易维护、易管理。以太网不仅是局域网和城域网的主流技术，而且以太网技术在广域网的应用方面也将发挥其作用。

① 以太网技术特性

a. 以太网是基带网，采用基带传输技术，在同一时间只能有一个设备占用信道发送数据，基带网上的设备能够使用全部有效带宽，对信道不进行多路复用。

b. 以太网的标准是 IEEE 802.3，它使用 CSMA/CD 介质访问控制方法，对单一信道的访问进行控制、分配介质的访问权，以保证同一时间只有一对网络站点使用信道，避免发生冲突。

c. 以太网是一种共享型网络，网络上的所有站点共享传输媒体和带宽，是广播式网络，它具有广播式网络的全部特点。

d. 采用曼彻斯特编码。

e. 以太网所支持的传输介质类型有同轴电缆、非屏蔽双绞线和光纤。

f. 以太网所构成的拓扑结构主要是总线型和星型。

g. 有多种以太网标准，支持不同的传输速率（10 Mbps、100 Mbps 和 1 000 Mbps），最高可达 1 Gbps。

② 以太网体系结构

按 IEEE 802.3 标准规定，以太网具有图 3 - 85 所示的体系结构。

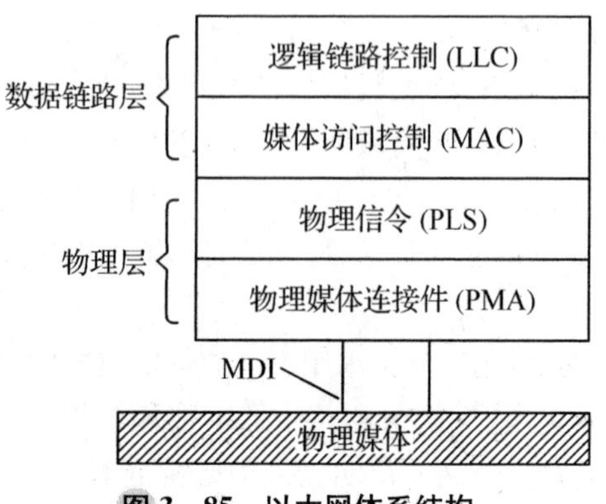

图 3 - 85　以太网体系结构

a. 物理层

在 IEEE 802.3 标准中，将物理层分为两个子层，分别是物理信令(PLS)子层和物理媒体连接件(PMA)子层。PLS 子层向 MAC 子层提供服务，并负责比特流的曼彻斯特编码与译码和载波监听功能。PMA 子层向 PLS 子层提供服务，完成冲突检测、超长控制以及发送和接收串行比特流的功能。媒体相关接口(MDI)与传输媒体的形式有关，它定义了连接器以及电缆两端的终端负载的特性，是设备与总线的接口部件。IEEE 802.3 标准规定，PLS 和 PMA 可以在，也可以不在同一个设备中实现，如 10Base-5 是在网卡中实现 PLS，在收发器中实现 PMA 功能的。

b. 数据链路层

数据链路层细分为媒体访问控制(MAC)和逻辑链路控制(LLC)两个子层。主要是使数据链路功能中与硬件有关的部分和与硬件无关的部分分开，降低不同类型数据通信设备的研制成本。MAC 子层与硬件相关，与 LLC 子层之间通过 MAC 服务访问点相连接，MAC 子层的核心协议是 CSMA/CD。

③ 传统以太网

a. 10Base-5

IEEE 802.3 中最早定义的以太网标准，也叫粗缆以太网。10Base-5 的拓扑结构为总线型，采用基带传输，无中继器的情况下最远传输距离可以达到 500 m。

b. 10Base-2

10Base-2 是总线型细缆以太网，是以太网支持的第二类传输介质，10Base-2 使用50 Ω 细同轴电缆传输介质，组成总线型网。

c. 10Base-T

该标准规定在非屏蔽双绞线(UTP)介质上提供 10 Mbps 的数据传输速率。每个网络站点都需要通过 UTP 连接到一个中心设备集线器(HUB)上，构成星型拓扑结构。10Base-T 双绞线以太网系统操作在二对 3 类 UTP 上，一对用于发送信号，另一对用于接收信号。为了改善信号的传输特性和信道的抗干扰能力，每一对线必须绞在一起。

d. 10Base-F

10Base-F 是 10 Mbps 光纤以太网，它使用多模光纤传输介质，在介质上传输的是光信号而不是电信号。具有传输距离长、安全可靠、可避免电击等特点。

④ 高速以太网

a. 快速以太网

快速以太网的传输速率比普通以太网快 10 倍，数据传输速率达到了 100 Mbps。快速以太网保留了传统以太网的所有特性，包括相同的数据帧格式、介质访问控制方式和组网方法，只是将每个比特的发送时间由 100 ns 降低到 10 ns。快速以太网标准在 LLC 子层使用 IEEE 802.2 标准，在 MAC 子层使用 CSMA/CD 方法，在物理层做了一些调整，定义了新的物理层标准(100BASE-T)。100BASE-T 标准定义了介质专用接口，它将 MAC 子层和物理层分开，使得物理层在实现 100 Mbps 速率时所使用的传输介质和信号编码方式的变化不会影响 MAC 子层。100BASE-T 可以支持多种传输介质，目前制定了三种有关传输介质的标准：100BASE-TX、100BASE-T4、100BASE-FX。

b. 千兆以太网

千兆以太网(GE-Gigabit Ethernet)是提供1 000 Mbps数据传输速率的以太网,它和传统以太网使用相同的IEEE 802.3 CSMA/CD协议、相同的帧格式和相同的帧大小。千兆以太网与现有以太网完全兼容,其传输速率达到1 Gbps。千兆以太网支持全双工操作,最高速率可以达到2 Gbps。

1996年,IEEE 802.3工作组成立了IEEE 802.3z千兆以太网工作组,并于1998年完成了IEEE 802.3z标准。IEEE 802.3z千兆以太网标准定义了三种介质标准,短波长激光光纤介质系统标准1 000Base-SX、长波长激光光纤介质系统标准1 000Base-LX、短铜线介质系统标准1 000Base-CX。有时也统称为1 000Base-X。1997年IEEE 802.3成立了一个新的工作组IEEE 802.3ab,被授权开发长铜线千兆以太网标准。1999年IEEE 802.3委员会正式公布了第二个铜线标准IEEE 802.3ab,即长铜线介质系统标准1 000Base-T。

c. 万兆以太网

为了完善IEEE 802.3协议,提高以太网带宽,1999年IEEE 802.3高速研究小组开始研究IEEE 802.3ae万兆以太网标准,将以太网应用扩展到城域网和广域网,并与原有以太网的网络操作和管理保持一致,2002年正式公布了万兆以太网标准。

万兆以太网(10GE)是一种数据传输速率高达10 Gbps、通信距离可延伸到40 km的以太网。万兆以太网本质上仍然是以太网,只是在速度和距离方面有了显著的提高。万兆以太网继续使用IEEE 802.3以太网协议,以及IEEE 802.3以太网的帧格式和帧大小。但由于万兆以太网是一种只适用于全双工通信方式,并且只能使用光纤介质的技术,所以它不需要使用带冲突检测的载波监听多路访问协议CSMA/CD。此外,万兆以太网标准中包含了广域网的物理层协议,不仅可以应用于局域网,也可以应用于城域网和广域网,使局域网与城域网和广域网实现无缝连接,其应用范围更为广泛。

d. 光纤分布式数据接口

光纤分布式数据接口FDDI(Fiber Distributed Data Interface)是一个使用光纤介质传输数据的高性能环型局域网,是在令牌环网的基础上发展起来的,它是一个技术规范,描述了一个以光纤为介质的高速(100 Mbps)令牌环网。FDDI为各种网络提供高速连接,网络覆盖的最大距离可达200 km,最多可连接1 000个站点。

FDDI标准由ANSI X3T9.5标准委员会在1980年提出,具有高速、技术成熟、双环结构等特点,能提供一个高速、安全的特点。由于站点管理复杂,价格昂贵,主要用于主干网,在桌面局域网中,不如以太网应用广泛。

(2) TCP/IP协议

① TCP/IP协议分层

TCP/IP(Transmission Control/Internet Protocol)是指传输控制协议/网际协议,起源于美国ARPAnet网,由它的两个主要协议TCP协议和IP协议而得名。通常所讲的TCP/IP协议实际上包含了大量的协议和应用,是由多个独力定义的协议组合在一起,确切地应称其为TCP/IP协议集。

TCP/IP采用分层体系结构,每一层提供特定的功能,层与层间相对独立,改变某一层的功能不会影响其他层。分层技术简化了系统的设计和实现,提高了系统的可靠性及灵活性。

TCP/IP 也采用分层体系结构，共分四层，即网络接口层、网际层、传输层和应用层。每一层提供特定功能，层与层之间相对独立，与 OSI 七层模型相比，TCP/IP 没有表示层和会话层，这两层的功能由应用层提供，OSI 的物理层和数据链路层功能由网络接口层完成。OSI 模型在网络层支持无连接和面向连接的通信，在传输层仅有面向连接的通信。相对而言，TCP/IP 协议要简单些，ISO/OSI 协议在数量上要远多于 TCP/IP 协议。TCP/IP 参考模型及协议族如图 3－86 所示。

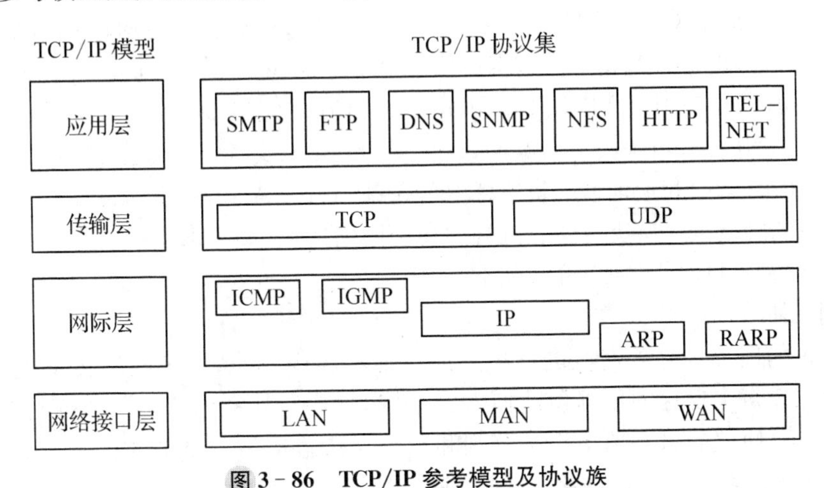

图 3－86　TCP/IP 参考模型及协议族

a. 网络接口层

网络接口层也称为网络访问层，是 TCP/IP 参考模型的最低层，对应着 OSI 的物理层和数据链路层。TCP/IP 标准没有定义具体的网络接口协议，而是提供灵活性，以适应各种网络类型，如 LAN、MAN 和 WAN，说明 TCP/IP 协议可以运行在任何网络之上。

b. 网际层

网际层是 TCP/IP 参考模型的第二层，在 Internet 标准中正式定义的第一层。网际层主要功能是处理来自传输层的分组，将分组形成数据包(IP 数据包)，为该数据包进行路径选择，最终将数据包从源主机发送到目的主机。在网际层中，最常用的协议是网际协议 IP，其他一些协议用来协助 IP 的操作。

c. 传输层

传输层是 TCP/IP 参考模型的第三层，与 OSI 的传输层类似，主要负责主机到主机之间的端到端通信，该层使用了 TCP 和 UDP 两种协议来支持两种数据的传送，TCP/IP 参考模型的传输层与 OSI 参考模型的传输层功能相似。

d. 应用层

应用层是 TCP/IP 参考模型的最高层，它与 OSI 模型中的高三层的任务相同，它包括所有的高层协议，用于提供网络服务，例如文件传输、远程登录、域名服务和简单网络管理等等。

② TCP/IP 协议简介

TCP/IP 协议通过一系列协议来提供各层的功能服务，以实现网间的数据传送。TCP/IP 协议族的主要协议、所在层次如图 3－86 所示。

应用层包括了所有的高层协议，并不断有新的协议加入，该层中有许多协议，如远程登录协议(Telnet)，本地主机作为仿真终端登录到远程主机上运行应用程序；超文本传输协议(HTTP)，用于 Internet 中的客户机与 WWW 服务器之间的数据传输；文件传输协议(FTP)，实现主机之间文件的传送；邮件传送协议(SMTP)实现主机之间电子邮件的传送等。

传输层使用两种不同的协议：一种是面向连接的传输控制协议 TCP(Transmission Control Protocol)，另一种是无连接的用户数据报协议 UDP(User Data Protocol)。传输层传送的数据单位是报文(message)或数据流(stream)。

传输层下面是 TCP/IP 的互连层，其主要的协议是无连接的网络互连协议 IP(Internet Protocol)。该层传送的数据单位是分组(packet)。与 IP 协议配合使用的还有四个协议：Internet 控制报文协议 ICMP(Internet Control Message Protocol)、Internet 组管理协议 IGMP(Internet Group Manage Protocal)、地址解析协议 ARP(Address Resolution Protocol)和逆地址解析协议 RARP(Reverse Address Resolution Protocol)。

最底层的网络接口层支持所有流行的物理网络协议，如 IEEE 802 系列局域网协议、HDLC 等。部分 TCP/IP 协议介绍如下。

a. 网际协议 IP

IP 协议的任务是对数据包进行相应的寻址和路由，并从一个网络转发到另一个网络。IP 协议在每个发送的数据包前加入一个控制信息，其中包含了源主机的 IP 地址和其他信息。IP 协议的另一项工作是分割和重编在传输层被分割的数据包。由于数据包要从一个网络转发到另一个网络，当两个网络所支持传输的数据包的大小不相同时，IP 协议就要在发送端将数据包分割，然后在分割的每一段前再加入控制信息进行传输。当接收端接收到数据包后，IP 协议将所有的片段重新组合形成原始的数据。

IP 是一个无连接的协议，主机之间不建立用于可靠通信的端到端连接，源主机将 IP 数据包发出可能会丢失、重复、延迟时间大或者次序会混乱，要实现数据包可靠传输，必须依靠高层的协议或应用程序，如传输层 TCP 协议。

b. 传输控制协议 TCP

TCP 协议是传输层的一种面向连接的通信协议，它提供可靠的数据传送。对于大量数据的传输，通常都要求有可靠的传送。TCP 协议将源主机应用层的数据分成多个分段，然后将每个分段传送到网际层，网际层将数据封装为 IP 数据包，并发送到目的主机。目的主机的网际层将 IP 数据包中的分段传送给传输层，再由传输层对这些分段进行重组，还原成原始数据，并传送给应用层。另外，TCP 协议还要完成流量控制和差错检验的任务，以保证可靠的数据传输。

c. 用户数据报协议 UDP

UDP 协议是一种面向无连接的协议，它不能提供可靠的数据传输，而且 UDP 不进行差错检验，必须由应用层的应用程序来实现可靠性机制和差错控制，以保证端到端数据传输的正确性。虽然 UDP 与 TCP 相比显得不可靠，但在一些特定的环境下有其优势。例如，要发送的信息较短，不值得在主机之间建立一次连接。另外，面向连接的通信通常只能在两个主机之间进行，若要实现多个主机之间的一对多或多对多的数据传输，即广播或多播，就需要使用 UDP 协议。

2. 工业以太网概述

(1) 传统以太网存在问题

传统以太网以办公自动化为目标，不满足工业环境和标准要求，将传统以太网直接用于工业领域存在着通信不确定性、非实时性、可靠性低、安全性差等问题。

① 不确定性

以太网采用CSMA/CD协议导致网络存在冲突，大量的冲突应用于控制网络，使得网间通信的不确定性大大增加，必然导致系统控制性能降低。

② 非实时性

工业控制对数据传输实时性要求严格，数据更新通常在数十毫秒内完成的。由于以太网的CSMA/CD机制，当发生冲突的时候，需要重发数据，增加了传输时间。如果发生掉线，还会造成安全事故。

③ 低可靠性

传统以太网以商业应用为目的，并非从工业网应用角度设计，不能满足工业现场各种工况的需要，可靠性低。

④ 安全性差

工业生产过程中，很多现场存在易燃、易爆或有毒气体等，要求设备采取一定的防爆措施来保证工业现场的安全生产。网络安全是以太网应用必须考虑的另一个安全性问题。企业采用传统的三层网络系统，网络之间集成，引入了一系列的网络安全问题，会受到非法操作、病毒感染、黑客入侵等网络安全威胁。

⑤ 总线供电问题

总线供电(或称总线馈电)是指连接到现场设备的线缆不仅传输数据信号，还能给现场设备提供工作电源。以太网设计没有考虑到该问题，而工业现场存在着大量的总线供电需求。

(2) 工业以太网相关技术

传统以太网不适合直接用于工业现场控制。为了解决上述问题，工业以太网便应运而生。工业以太网是将传统以太网应用于工业控制和管理的局域网技术，技术上与以太网IEEE 802.3标准兼容，在产品设计时，在材质的选用、产品的强度、适用性以及实时性、可互操作性、抗干扰性和可靠性、总线供电和本质安全等方面能满足工业现场的需要，已采用多种方法来改善以太网的性能和品质，以满足工业领域的要求。

基于工业标准，工业以太网技术的发展得益于以太网技术发展。首先是通信速率的提高，其次由于采用星形网络拓扑结构和交换技术，使以太网交换机的各端口之间数据帧的输入和输出不再受CSMA/CD机制的制约，避免了冲突；再加上全双工通信方式使端口间两对双绞线(或光纤)上分别同时接收和发送数据，而不发生冲突。

① 交换技术

为了改善以太网负载较重时的网络拥塞问题，使用以太网交换机。交换技术采用将共享的局域网进行有效的冲突域划分技术。各个冲突域之间用交换机连接，以减少CSMA/CD机制带来的冲突问题和错误传输。可以尽量避免冲突的发生，提高系统的确定性，但该方法成本较高，在分配和缓冲过程中存在一定的延时。

② 以太网

当网络中的负载越大的时候，发生冲突的概率也就越大。提高以太网的通信速度，可以有效降低网络的负荷。以太网已经出现通信速率达100M/S，1G/S的高速以太网，加上全面的设计及对系统中的网络节点的数量和通信流量进行控制，可以采用以太网技术作为工业网络。

③ IEEE 1588对时机制

IEEE 1588定义了一个在测量和控制网络中，与网络交流、本地计算和分配对象有关的精确同步时钟的协议(PTP)。此协议特别适合于基于以太网的系统，精度可达微秒范围。它使用时间印章来同步本地时间的机制。即使在网络通信同步控制信号产生一定的波动时，它所达到的精度仍可满足要求。通过采用这种技术，以太网TCP/IP协议不需要大的改动就可以运行于高精度的网络控制系统之中。

3. 工业以太网协议简介

对应于ISO/OSI通信参考模型，工业以太网协议在物理层和数据链路层均与商用以太网(即IEEE 802.3标准)兼容，在网络层和传输层则采用了TCP/IP协议，可以直接和局域网的计算机互连而不要额外的硬件设备，方便数据共享，采用IE浏览器进行终端数据访问。工业以太网除了完成数据传输之外，往往还需要依靠所传输的数据和指令，执行某些控制计算与操作功能，由多个网络节点协调完成控制任务，它需要在应用、用户等高层协议与规范上满足开放系统的要求，满足互操作条件。

由于不存在统一的应用层协议，以太网设备中的应用程序是专用的，而不是开放的，因此设备之间还不能实现透明互访。要解决这一问题，就必须在Ethernet+TCP(UDP)/IP协议之上，制定统一的、适用于工业现场控制的应用层技术规范。已经发布的工业以太网协议主要有以下几种：EPA、EtherCAT、Profinet、HSE、Modbus TCP、Ethernet Powerlink、Ethernet/IP。

(1) HSE(High Speed Ethernet)

HSE是现场总线基金会摒弃原有高速总线H2之后推出的基于以太网的协议，也是第一个成为国际标准的以太网协议。现场总线基金会明确将HSE定位于实现控制网络与Internet的集成。由HSE链接设备将H1网段信息传送到以太网的主干上，并进一步送到企业的ERP和管理系统。操作员在主控室可以直接使用网络浏览器查看现场运行情况。现场设备同样也可以从网络获得控制信息。

HSE在低四层直接采用以太网和TCP/IP，在应用层和用户层直接采用FF H 1的应用层服务和功能块应用进程规范，并通过链接设备将H1网络连接到HSE网段上。HSE链接设备同时也具有网桥和网关的功能，其网桥功能可以连接多个H1总线网段，使不同H1网段上的Hl设备之间能够进行对等通信而无须主机系统的干预。HSE主机可以与所有的链接设备和链接设备上挂接的H1设备进行通信，使操作数据能传送到远程的现场设备，并接收来自现场设备的数据信息。

(2) Profinet

国际组织PNO(Profibus National Organization)于2001年提出Profinet规范，

Profinet 将工厂自动化和企业信息管理技术有机地集成为一体，同时又完全保留了Profibus 的开放性。它主要包含基于通用对象模型(COM)的分布式自动化系统，规定了Profibus 和标准以太网之间的开放、透明通信，提供了一个包括设备层和系统层、独立于制造商的系统模型。

Profinet 采用以太网+TCP/IP 通信模型加上应用层来完成节点之间的通信和网络寻址。它可以同时挂接传统 Profibus 系统和新型的智能现场设备。现有的 Profibus 网段可以通过一个代理设备连接到 Profinet 网络当中，使整套 Profibus 设备和协议能够原封不动地在 Profinet 中使用。传统的 Profibus 设备可通过代理与 Profinet 上面的 COM 对象进行通信，并通过 OLE 自动化接口实现 COM 对象之间的调用。

(3) Ethernet/IP

标准工业以太网技术的解决方案 Ethernet/IP 由 RockWell 公司推出。Ethernet/IP 使用所有传统的以太网协议，构建于标准以太网技术之上，这意味着 Ethernet/IP 可以和现在所有的标准以太网设备透明衔接工作。Ethernet/IP 的协议由 IEEE 802.3 物理层和数据链路层标准、TCP/IP 协议组和控制与信息协议 CIP(Control Information Protocol)等 3 个部分组成，Ethernet/IP 为了提高设备间的互操作性，采用了 ControlNet 和 DeviceNet 控制网络中相同的 CIP。不同于源/目的通信模式，Ethernet/IP 采用生产者/消费者(Producer/Consumer)的通信模式，允许网络上的不同节点同时存取同一个源的数据。

(4) Modbus TCP/IP

Schneider 公司于 1999 年公布了 Modbus TCP/IP 协议。Modbus TCP/IP 并没有对 Modbus 协议本身进行修改，而是为了满足通信实时性需要，改变了数据的传输方法和通信速率。

Modbus TCP/IP 协议采用简单的方式将 Modbus 帧嵌入到 TCP 帧中。这是一种面向连接的方式，每个请求都要求应答。这种请求/应答的机制与 Modbus 的主/从机制相互配合，使交换式以太网具有很高的确定性。利用 TCP/IP 协议，通过网页的形式可以使用户界面更加友好。利用网络浏览器就可以查看企业网内部的设备运行情况。

(5) EtherCAT

EtherCAT 是开放的实时以太网络通信协议，最初由德国倍福自动化有限公司(Beckhoff Automation GmbH)研发。EtherCAT 是 IEC 规范(IEC/PAS 62407)。EtherCAT 为系统的实时性能和拓扑的灵活性树立了新的标准，同时，它还符合甚至降低了现场总线的使用成本。EtherCAT 的特点还包括高精度设备同步，可选线缆冗余，和功能性安全协议。

4. 工业以太网测控设备

工业现场的环境在震动、湿度、温度上比普通环境恶劣，工业以太网测控设备有更高要求，需要具备坚固耐用的设计，还必须具备许多有用的管理及监控功能。不同的测控系统对网络的管理功能要求不同，对网络设备也有不同要求。选择工业以太网设备一般要考虑要从以太网通信协议、电源、通信速率、工业环境、安装方式、外壳对散热的影响、简单通信功能和通信管理功能、接口的考虑。如果对工业以太网的网络管理有更高要求，则需要考虑所选择产品的高级功能如：信号强弱、端口设置、出错报警、串口使用、主干(Trunking TM)冗余、环网冗余、服务质量(QoS)、虚拟局域网(VLAN)、简单网络管理协议(SNMP)、支持网络分析OPC服务器、端口镜像等，能够实现系统自行恢复、隔离非授权者进入、触发事件的自动报警等功能。

(1) 工业以太网联网设备

① 工业以太网集线器

集线器接收来自某一端口的消息，再将消息广播传输到其他所有的端口。集线器利用了以太网共享介质的特性，实现数据包的广播传递方式，实现监测、数据收集等功能。对来自任一端口的每一条消息，集线器都会把它传递到其他的各个端口。在消息传递方面，集线器是低速低效的，多个端口数据包同时出现时会产生消息碰撞和冲突现象。集线器的规模一般不大，网络上数据包有效传输负载率也不能太高，否则发生冲突的概率会大大增加，造成数据多次重发，甚至丢包，影响网络的传输可靠性。集线器的使用非常简单，可以即插即用。

② 工业以太网交换机

与普通交换机的相比，工业以太网交换机在功能和性能有较大区别：功能上，工业以太网交换机与工业网络通信更加接近，比如各种现场总线的互通互联、设备的冗余以及设备要求的实时性。在性能上，主要体现在适用外界环境的参数不同，工业环境除了特别恶劣的环境之外，还要求有EMI电磁兼容、防温、防湿、防尘等要求。采用工业级设计，满足工业宽温设计，电磁兼容设计，主动式电路保护，过压、欠压自动断路保护，冗余交直流电源输入，另外PCB板一般做“三防”处理。一般不建议在工业环境中使用商业交换机，长时间工作在恶劣环境下，商业交换机容易出现故障，维护成本高。

工业以太网交换机采用存储转换交换方式，同时提高以太网通信速度，并且内置智能报警设计监控网络运行状况，使得在恶劣危险的工业环境中保证以太网可靠稳定地运行。

a. 非管理型交换机

非管理型交换机是在集线器的基础上的改进设备。它能实现消息从一个端口到另一个端口的路由功能。相对集线器，非管理型交换机更加智能化。非管理型交换机能自动探测每台网络设备的网络速度。另外，它具有MAC地址表的功能，能识别和记忆网络设备。换言之，如果端口收到一条带有特定识别码的消息，此后交换机就会将所有具有那种特定识别码的消息发送到该端口。非管理型交换机避免了消息冲突，提高了传输性能，但不能实现任何形式的通信检测和冗余配置功能。

b. 管理型交换机

相对集线器和非管理型交换机，管理型交换机拥有更多更复杂的功能，通常可以通过基于网络的接口实现完全配置。它可以自动与网络设备交互，用户也可以手动配置每个端口的网速和流量控制。管理型交换机功能丰富，但价格高，通常是非管理型交换机的3～4倍。

绝大多数管理型交换机通常也提供一些高级功能，如用于远程监视和配置的简单网络管理协议(SNMP)，用于诊断的端口映射，用于网络设备成组的虚拟局域网(VLAN)，用于确保优先级消息通过的优先级排列功能等。利用管理型交换机，可以组建冗余网络。使用环形拓扑结构，管理型交换机可以组成环形网络。每台管理型交换机能自动判断最优传输路径和备用路径，当优先路径中断时自动阻断备用路径。

c. 管理型冗余交换机

高级的管理型冗余交换机提供了一些特殊的功能，特别是针对有稳定性、安全性方面严格要求的冗余系统进行了设计上的优化。构建冗余网络的主要方式主要有以下几种：STP、RSTP、环网冗余 RapidRingTM 以及 Trunking。

STP/RSTP：

STP(Spanning Tree Protocol)生成树算法，是一个链路层协议，提供路径冗余和阻止网络循环发生。它强令备用数据路径为阻塞状态。如果一条路径有故障，该拓扑结构能借助激活备用路径重新配置及链路重构。网络中断恢复时间为 30～60 s 之间。快速生成树算法(RSTP)作为 STP 的升级，将网络中断恢复时间，缩短到 1～2 s。生成树算法网络结构灵活，但也存在恢复速度慢的缺点。

RapidRingTM：

为了能满足工业控制网络实时性强的特点，RapidRingTM 孕育而生。这是在以太网网络中使用环网提供高速冗余的一种技术。该技术可以使网络在中断后 300 ms 之内自行恢复。并可以通过交换机的出错继电连接、状态显示灯和 SNMP 设置等方法来提醒用户出现的断网现象。这些都可以帮助诊断环网什么地方出现断开。

主干冗余：

将不同交换机的多个端口设置为 Trunking 主干端口，并建立连接，则这些交换机之间可以形成一个高速的骨干链接。不但成倍地提高了骨干链接的网络带宽，增强了网络吞吐量，而且还提供了另外一个功能，即冗余功能。如果网络中的骨干链接产生断线等问题，那么网络中的数据会通过剩下的链接进行传递，保证网络的通讯正常。Trunking 主干网络采用总线型和星型网络结构，理论通讯距离可以无限延长。该技术由于采用了硬件侦测及数据平衡的方法，所以使网络中断恢复时间达到了新的高度，一般恢复时间在 10 ms 以下。

(2) 嵌入式以太网控制器

① 嵌入式以太网测控系统硬件

嵌入式以太网控制器是用于执行指定独立控制功能并具有以复杂方式处理数据能力的控制系统。它由嵌入式微电子技术芯片来控制的电子设备装置，能够完成监视，控制等各种自动化处理任务。嵌入式系统硬件包括微处理器、外围控制电路、只读存储器、可读写存储器和外围设备。

② 嵌入式以太网测控系统软件

嵌入式以太网测控系统软件包括 CLinux 嵌入式操作系统基本内核、硬件设备驱动程序、TCP/PI 通信协议程序、用户应用程序几大部分，其基本结构如图 3－82 所示。用户应用程序主要是实现服务器，系统其他的软件部分包含在经裁减和修改的 CLinux 操作系统内。

第四章　综合智慧零碳电厂的生产运营与管理

第一节　发电资源的监控、管理与预测

一、发电资源的监控

1. 光伏监测

（1）光伏总览实时监测

如图 4－1 所示，光伏总览实时监测主要展示光伏资源的发电量、功率、电站数量、利用小时数、资源分布情况以及电站状态等汇总数据。

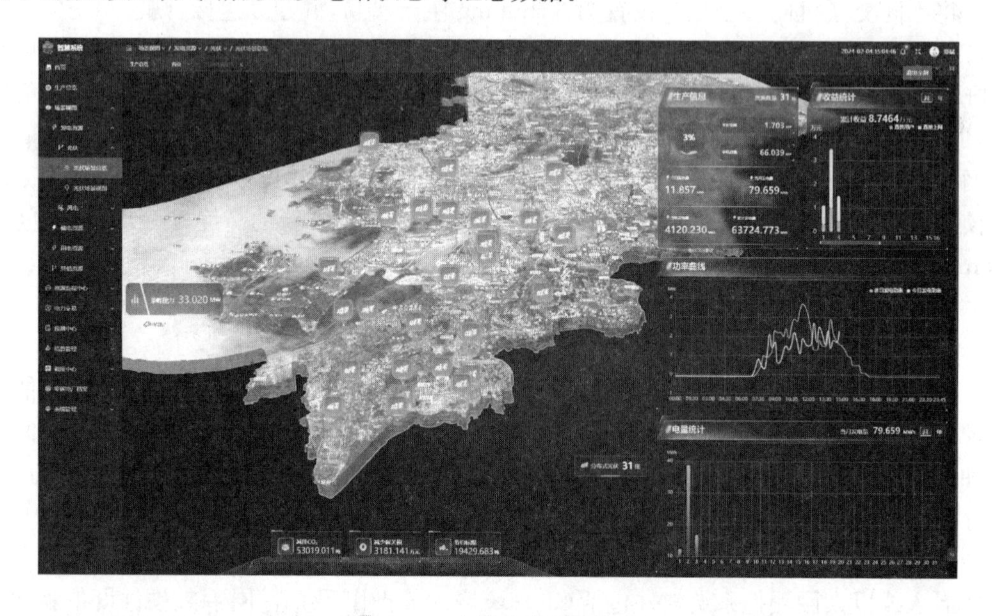

图 4－1　光伏总览实时监测

（2）光伏场站级监视

如图 4－2 所示，光伏场站级监视主要展示场站级光伏资源的实时功率、发电量、电站设备及运维信息等场站级资源数据，可以通过设备树选择某一光伏电站进行实时查询。

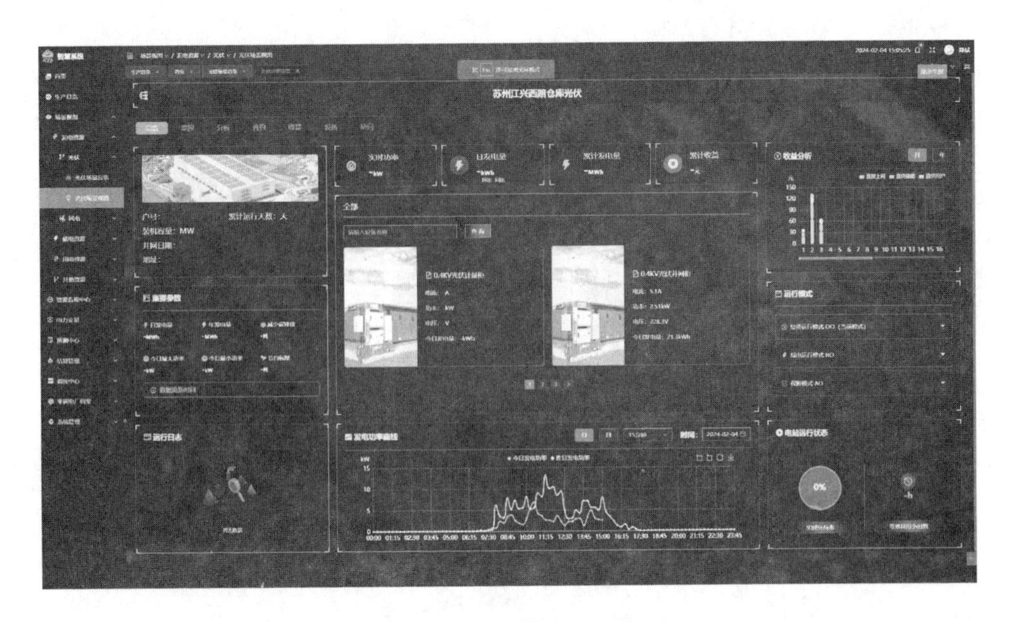

图 4－2　光伏场站级监视

2. 风电监测

（1）风电总览实时监视

如图 4－3 所示，风电总览实时监视主要展示风电资源的发电量、功率、电站数量、利用小时数、资源分布情况以及电站状态等汇总数据。

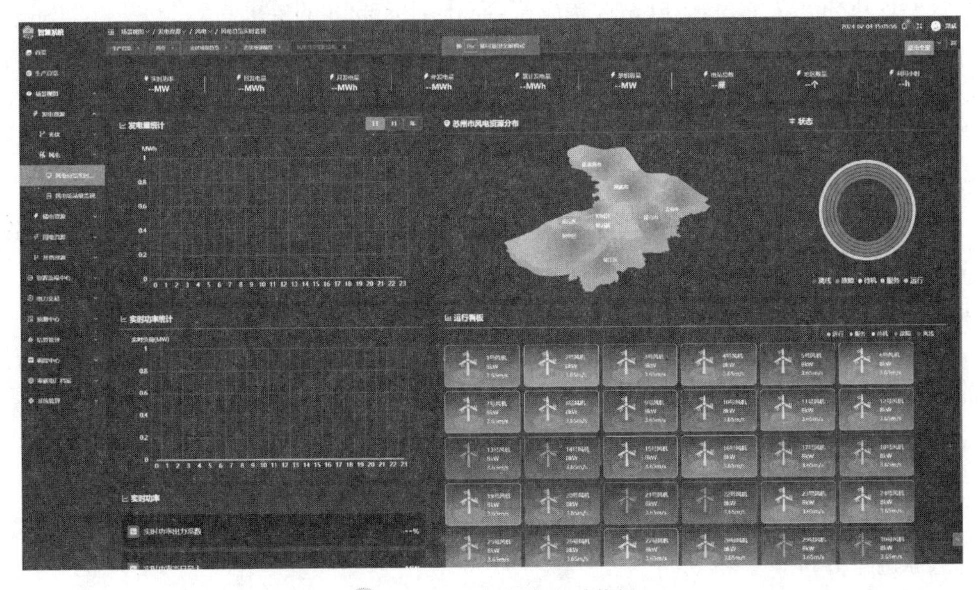

图 4－3　风电总览实时监视

（2）风电场站级监视

如图 4－4 所示，风电场站级监视主要展示场站级风电资源的实时功率、发电量、电站设备及运维信息等场站级资源数据，可以通过设备树选择某一风电电站进行实时查看。

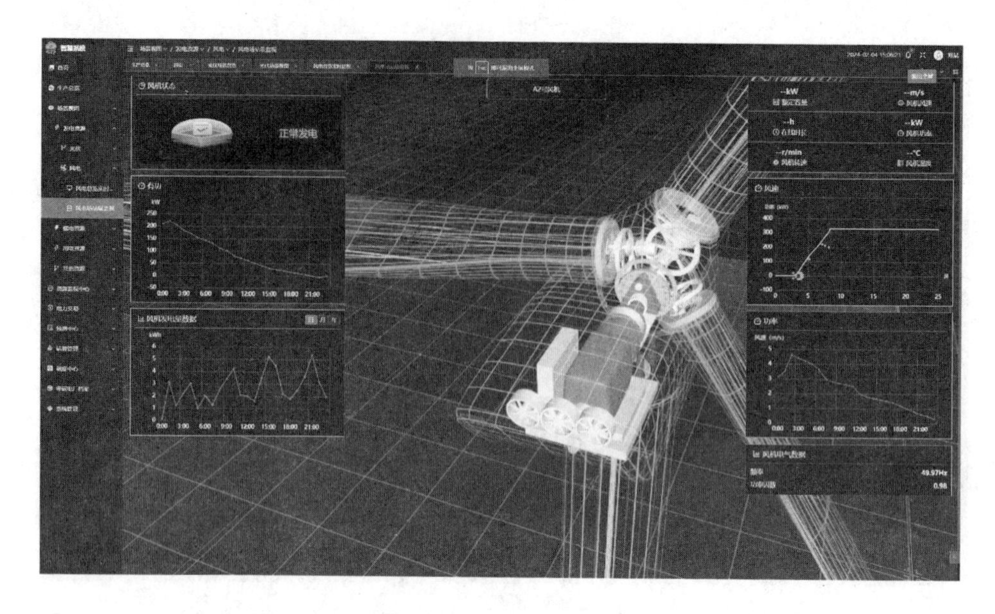

图 4-4　风电场站级监视

二、储能资源的监控与管理

1. 基本要求

① 储能电站运行前应通过并网调试及验收，设计应符合 GB 51048 的要求，接入电网应符合 GB/T 36547 的要求，电站设备应符合 GB/T 36558 的要求。

② 接入 10 kV(6 kV)及以上公用电网的储能电站应与电网调度机构签订并网调度协议，并网调度协议的内容应符合 GB/T 31464 的要求。

③ 储能电站应配备能满足电站安全可靠运行的运行维护人员。运行维护人员上岗前应经过培训，掌握储能电站的设备性能和运行状态。

④ 储能电站投运前应根据电站设备及功能定位，制定现场运行规程，编制相关应急预案。

⑤ 储能电站投运前应制定典型操作票和工作票，制定交接班制度、巡视检查制度、设备定期试验轮换制度。

⑥ 储能电站升压变及其相关设备的运行应符合 DL/T 969 的规定；电站电力通信系统的运行应符合 DL/T 544 的规定，调度自动化的运行应符合 DL/T 516 的规定。

⑦ 当电力系统发生故障时，储能电站运行应符合 GB 38755 的相关要求。

⑧ 储能电站运行单位应根据储能电站实际运行情况，编制现场维护规程。

⑨ 储能电站应对设备运行状态、运行操作、异常及故障处理、维护等进行记录，并对运行指标进行分析。

⑩ 储能电站运行维护应建立技术资料档案，对运行维护记录等进行归档。

2. 运行管理的一般规定

① 储能电站正常运行应对储能电站设备进行运行监视、运行操作和巡视检查。

② 储能电站可分为自动发电控制(AGC)、自动电压控制(AVC)、计划曲线控制、功

率定值控制等运行模式，也可多种模式同时运行。

③ 储能电站储能系统运行工况可分为启动、充电、放电、停机、热备用等。

④ 储能电站的运行模式、涉网设备参数的调整以及操作电网调度许可范围内的设备应按照电网调度机构的要求执行或者得到电网调度机构的同意。

⑤ 纳入电网调度机构管理的储能电站储能系统的并网、解列，应获得电网调度机构同意；储能电站因故障解列，不应自动并网，应通过电网调度机构许可后方可并网。

⑥ 储能电站的交接班应根据交接班制度进行，交接班时应对当值储能电站运行模式，储能系统运行情况、缺陷情况、设备操作情况、接地线装拆情况等进行交代。

⑦ 储能电站设备操作不宜在交接班期间进行，当在交接班进行操作时，应在操作完成后进行。

⑧ 储能电站应定期对运行指标进行统计和对运行效果进行评价，统计方法和评价原则应符合 GB/T 36549 的规定。

3. 运行监视

储能电站运行人员应实时监视电站运行工况，监视可采用就地监视和远程监视，监视内容主要包括：

① 运行模式和运行工况；

② 全站有功功率、无功功率、功率因数、电压、电流、频率、全站上网电量、全站下网电量、日上网电量、日下网电量、累计上网电量、累计下网电量、储能系统充电量、放电量、日充电量、日放电量累计充电量、累计放电量等；

③ 电池、电池管理系统(BMS)、储能变流器(PCS)、监控系统、继电保护及安全自动装置，通信系统等设备的运行工况和实时数据；

④ 变压器分接头挡位、断路器、隔离开关、熔断器等位置状态；

⑤ 异常告警信号、故障信号、保护动作信号等；

⑥ 视频监控系统实时监控情况等；

⑦ 消防系统、二次安防系统、环境控制系统等状态及信号。

4. 运行操作

① 储能电站运行人员操作项目主要包括：储能系统并网和解列操作、储能系统运行模式选择、储能系统运行工况切换。

② 储能系统的并网和解列操作应符合 GB 26860 的要求。

③ 运行人员可对储能系统自动发电控制自动电压控制、计划曲线控制，功率定值控制等运行模式和优先级进行选择，各储能系统运行模式和优先级选择宜保持一致。

④ 运行人员可对储能系统启动、充电、放电、停机、热备用、检修等运行工况进行相互切换。

⑤ 涉网设备发生异常或故障时，运行人员应及时上报电网调度机构，并按现场运行规程和电网调度机构要求对故障设备进行隔离及处理。

5. 巡视检查

① 储能电站的巡视检查可分为日常巡检和专项巡检，巡检项目应符合附录 A 要求。

② 储能电站宜每班进行巡视检查。

③ 异常天气(如雨季、极寒、极热、台风等)时应进行专项巡检工作。

④ 对储能电站设备新投入或经过大修等特殊情况宜加强巡检工作。

⑤ 运行人员进行巡视检查时不应越过围网和安全警示带,进入电池室或电池舱等密闭空间前,应先进行超过 15 min 的通风。

⑥ 当监控系统报异常信号时,应及时进行现场检查。在缺陷和隐患未消除前应增加巡视检查频次。

6. 异常运行及故障处理

① 储能电站设备异常运行时,运行人员应加强监视和巡视检查。

② 运行人员发现设备异常应立即向运行值长汇报,依据运行规程和作业指导书,按照附录 B 异常项目及处理表对异常设备进行处置。

③ 电力调度机构管辖的设备发生异常时,运行人员进行异常处理前应向调度值班人员汇报。

④ 储能电站设备发生故障时,运行人员应立即停运故障设备,隔离故障现场,并汇报调度值班人员和相关管理部门,并按照附录 C 故障项目及处理表对故障设备进行处置。

⑤ 当发生储能系统冒烟、起火等严重故障时,运行人员可不待调度指令立即停运相关储能系统,疏散周边人员,并立即启动灭火系统,联系消防部门并退出通风设施和变流器冷却装置,切断除安保系统外的全部电气连接。

⑥ 储能电站交接班发生故障时,应处理完成后再进行交接班。

⑦ 储能电站升压站设备的异常运行与故障处理依据 DL/T 969 执行。

⑧ 运行人员完成设备故障处理后,应向调度值班人员、运行管理部门和安全生产部门汇报故障及处理情况,配合相关部门开展故障调查,配合检修人员开展紧急抢修。

⑨ 运行人员异常或故障处置后应及时记录相关设备名称、现象、处理方法及恢复运行等情况,并按照要求进行归档。

7. 维护管理

① 储能电站的维护应结合设备运行状态、异常及故障处理情况,通过智能分析确定维护方案。

② 储能电站应根据维护方案,在维护前应完成所需备品备件的采购,验收和存放管理工作及工器具的准备工作。

③ 储能电站维护应采取安全防护措施。

④ 储能电站储能设备维护包括电池、电池管理系统、储能变流器的清扫,紧固,润滑及软件备份等。

⑤ 储能变流器、电池及电池管理系统和冷却系统的维护,应按照附录 D 进行相应的处理。

8. 储电资源监控

储电资源监控全面汇总及展示储电资源信息与数据。

① 户用光储

如图 4-5 所示,户用光储全面汇总及展示储电资源信息与数据,主要展示户用光储资源的功率、充放电量、购售电量、运行参数等数据,可以选择某一个户用光储资源进行实时查看。

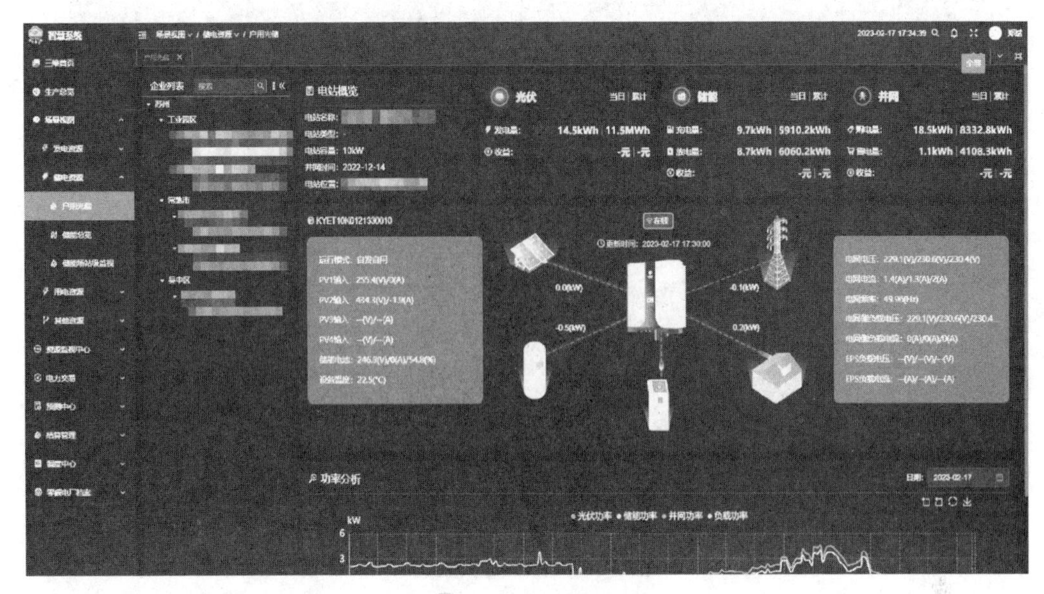

图 4-5　户用光储

② 储能总览

如图 4-6 所示，储能总览主要展示储能资源的发电量、功率、电站充放电变化、电站SOC、资源分布情况以及电站状态等汇总数据。

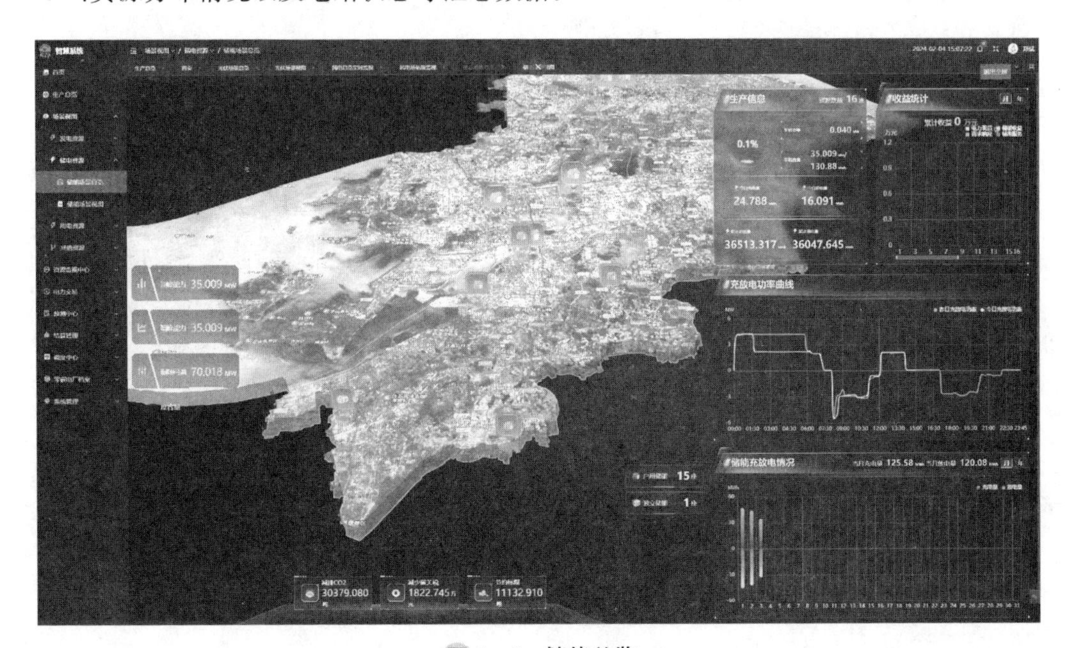

图 4-6　储能总览

③ 储能场站级监视

如图 4-7 所示，储能场站级监视主要展示场站级储能资源的实时功率、充放电量、电站设备及运维信息等场站级资源数据，可以通过设备树选择某一储能电站进行实时查看。

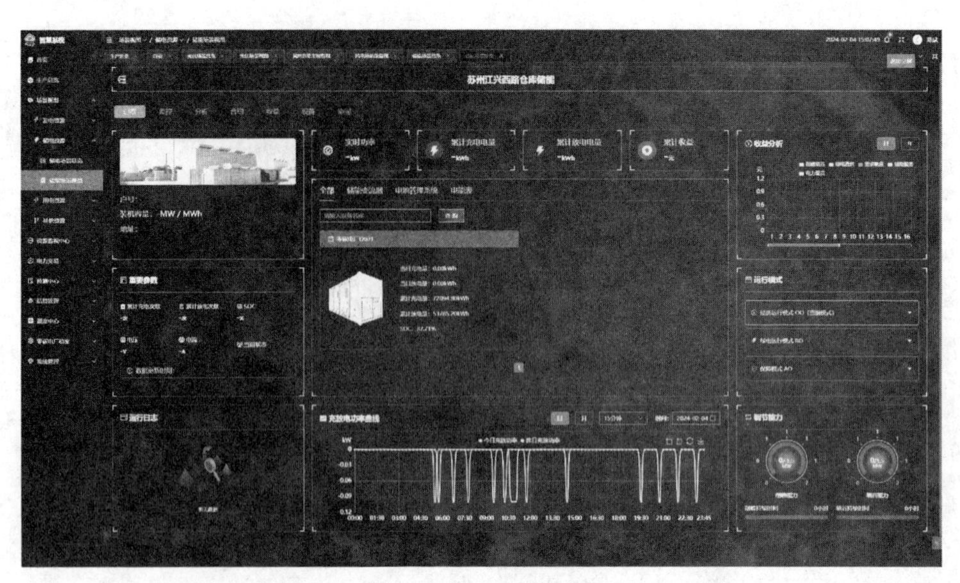

图 4-7　储能站级监视

三、用电资源调度简介

如图 4-8 所示，主要展示场站级用电资源的（实时|历史）功率、（实时|历史）用电量以及企业信息等汇总及实时数据，可以通过设备树选择单个用电资源进行查看。

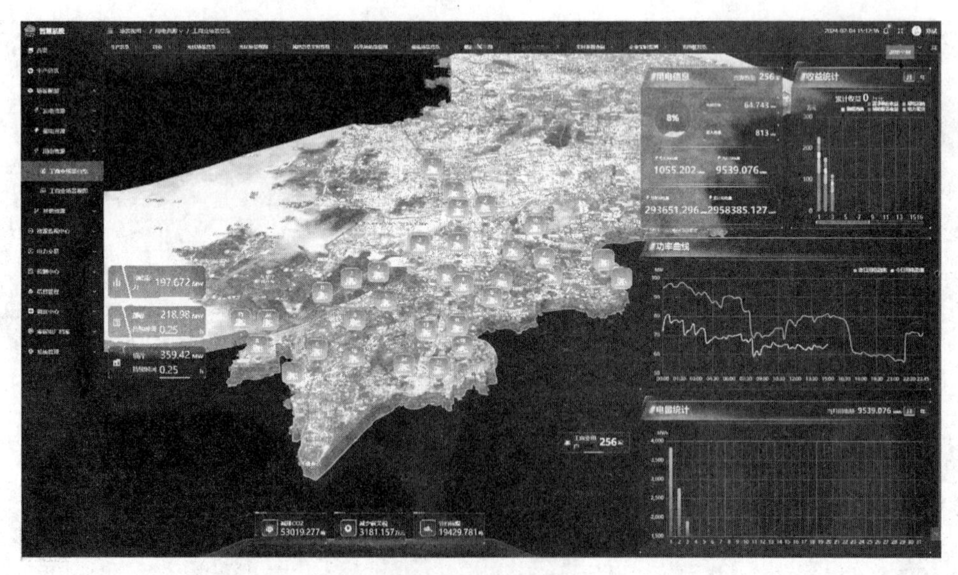

图 4-8　企业监测

综合智慧能源零碳电厂智慧系统接入电网调度平台并按照电网指令调节出力，作为非统调虚拟电厂接入苏州地调，具备实时向苏州地调上传用电功率数据，同时接收苏州地调调度系统的调度曲线和调度指令的能力，并可以按照电网调度指令或既定控制策略参与电网调节，保障苏州电网整体的安全稳定运行。

综合智慧能源零碳电厂属于电网调度的一环，在接受调度指令的同时将用户侧各类分散的分布式发电、储能、充电桩、工商业负荷等资源聚合起来，进行统一的管理、调度，基于零碳电厂的调度属性，需严格执行相应的调度管理规程。

1. 虚拟电厂调度控制的三个层次

（1）用户组合错峰——聚合机制

虚拟电厂是对分布式电源、柔性负荷、储能等多种分布式能源的有效聚合。在具体展现形式上，虚拟电厂具有多种组合，目前常见的组合包括分布式风电＋储能、分布式风电＋电动汽车、楼宇＋储能等。通过对具有不同负荷特征的用户主体进行组合，利用各自负荷在日负荷率、日峰谷差率、日最大利用时间等特征值上的错峰互补效应，通过引入人工智能技术对负荷曲线进行聚类，可以在一定程度上形成平抑虚拟电厂内部分布式能源主体的自身波动。

在终端设备数据获取、存储的基础上，实现用户组合错峰效应包括 2 个关键步骤：一是要结合终端数据对不同类型柔性负荷的特征进行分析，采用统计学和计量经济学方法识别其曲线特征，通过将曲线特征替代负荷曲线值，达到负荷曲线降维的目标，为开展进一步分析奠定基础；二是要构建适用于海量多源异构数据的聚类分析算法，通过将曲线特征指标进行聚类分析，在一定的聚类规则约束下，即可得到同类别的负荷曲线簇，进而通过分析其负荷特征值的相对性，得到具有错峰效应的用户组合集。至此，该用户组合集已经初步具备平抑波动的功能。

（2）基于用户弹性的差异化合约——激励机制

在用户组合错峰效应的基础之上，需要引入经济手段对用户行为进行影响，其最终展现形式为虚拟电厂运营商与不同用户签订的差异化合约。由经济学的边际效应理论可知，只有当边际成本等于边际效用时，才可实现资源最优配置。因此，差异化合约的签订需要依据不同类型用户的价格弹性，最大化经济杠杆效应。实现差异化合约制定的基础是用户用电行为的识别，同时对用户行为通过多维数据进行客户画像，建立用户行为标签库。其关键点在于用户行为及其弹性具有隐匿性，很难直接通过数据分析得出。这要求虚拟电厂运营商基于实验经济学理论方法，构建用户行为识别及引导实验框架，通过改变差异化合约关键参数，从实际运营活动中获取数据，以此为基础进行用户弹性分析，进而指导差异化合约制定。

（3）利用储能联合优化运营——运营机制

由于用户自身负荷特性及其可调节性方面的限制，单独的虚拟电厂运营主体在电力直接交易及辅助服务市场中难免存在偏差。为应对偏差风险，有必要通过虚拟电厂与储能联合运营，进一步提升系统灵活性。实现联合运营的关键在于构建多主体之间的利益分配机制。对于虚拟电厂运营商而言，通过与其他运营商或储能设备运营商签订合作协议，形成虚拟电厂运营联盟，可以进一步优化自身调控能力。由调控能力上升带来的效益增加或成本降低部分，可在各主体之间合理分配。在这一过程中，除虚拟电厂运营主体外，其余主体承担备用及风险共担责任，同时获得相应的备用收益与风险承担补偿。

2. 调度运行管理任务和职责

综合智慧能源零碳电厂调度运行管理的任务是组织、指挥、指导和协调零碳电厂聚合电厂和储能项目的运行，指挥聚合电厂和储能项目的运行操作和事故处理，实现下列基本要求。

① 使聚合电厂和储能项目安全运行和连续供电，保证供电可靠性。

② 使聚合电厂和储能项目生产的电能质量符合国家规定的标准。

③ 优化资源利用，合理利用零碳电厂的各类资源，使零碳电厂最大限度地处于节能、环保、经济方式下运行。

④ 充分发挥零碳电厂发、供电设备能力，最大限度地满足用电需求。职责主要包括：

负责执行地调规定的运行方式。负责对调度管辖范围内的设备进行操作管理。负责监控范围内设备的集中监视、信息处置和远方操作。负责指挥调度管辖范围内电力系统事故处理，分析系统事故，制定并组织落实提高电网安全稳定运行水平的措施。负责调度管辖范围内的电力系统稳定管理。负责调度管辖范围内的聚合电厂和储能项目的发电调度管理。

3. 调度运行管理制度

① 综合智慧零碳电厂值班调度员是综合智慧能源零碳电厂管辖聚合电厂和储能项目范围内的运行、操作和故障处置的指挥人，并负责正确执行上级调度机构值班调度员的调度指令。调管范围内聚合发电厂和储能项目现场运维人员，必须严守调度纪律，服从调度指挥。任何单位和个人不得非法干预值班调度员发布或者执行调度指令。

② 零碳电厂值班调度员与上级调度及其调度联系对象之间进行调度业务联系、发布(或接受)调度指令时，必须互报单位、姓名，使用普通话和统一的调度、操作术语，并严格执行发令、复诵、监护、汇报、录音和记录等制度。

③ 零碳电厂值班调度员必须立即正确执行上级调度发布的调度指令，如认为所接受的调度指令不正确，应立即向发布该调度指令的值班调度员报告并说明理由，由发令的值班调度员决定该调度指令的执行或撤销。若发令的值班调度员重复该调度指令，零碳电厂值班调度员必须立即执行；若执行该调度指令将危及人身、设备或电网安全，零碳电厂值班调度员应拒绝执行，同时将拒绝执行的理由及改正调度指令内容的建议报告发令的值班调度员和本单位直接领导。如有无故拖延、拒绝执行调度指令，违反调度纪律，发生有意虚报或隐瞒情况的现象，公司将追究相关人员的责任并严肃处理。

④ 零碳电厂调度管辖的设备，未得到零碳电厂值班调度员的调度指令，各聚合电厂和储能项目的运行人员不得擅自进行操作或自行改变其运行方式(对人身、设备或电网安全有严重威胁者除外，但应按照有关规定边处理边向零碳电厂值班调度员报告)。

⑤ 上级调度许可和调度同意的设备，零碳电厂必须得到上级调度值班调度员的同意后，才能进行改变运行状态的操作。

⑥ 上级调度管辖、调度许可和调度同意的设备，严禁约时停送电。

⑦ 零碳电厂运行值班人员在交接班期间应严格执行交接班制度，认真履行交接班手续和汇报程序。

⑧ 零碳电厂值班调度员在正式上岗前必须经过上级调度组织的电力调度管理知识培训，考试合格并取得调度运行值班合格证书后方可正式上岗值班。

4. 调度汇报制度

① 零碳电厂值班调度员应严格执行市调的汇报及联系制度，并按规定及时将电网运

行情况汇报公司领导和有关部门。

② 现场设备发生异常或故障时，各聚合电厂和储能项目运行值班人员应立即报告零碳电厂运行值班人员，同时按现场规程迅速处理。各聚合电厂和储能项目运行值班人员零碳电厂值班调度员做简要汇报，在事故处理告一段落时，再详细汇报。

5. 设备停电计划管理

① 各聚合电厂和储能项目应依据有关标准、规程、规范和设备健康状况，编制上报本单位负责运检设备的停电计划。

② 各聚合电厂和储能项目因工作需要，要求其他单位负责运检的设备停役时，必须向该单位办理报批手续，并纳入其设备停电计划。

四、调度操作管理

零碳电厂管辖范围内各聚合电厂和储能项目的电气设备，运维人员在操作前必须得到零碳电厂值班调度员的同意。

零碳电厂值班调度员发布调度操作指令分为口头和书面两种方式，下达操作任务分为综合操作和逐项操作两种形式。正常情况下，必须以书面方式预先发布操作任务票，才能正式发令操作。在紧急情况或事故处理时，可采用口头指令方式下达。综合操作仅适用于涉及一个单位而不需要其他单位协同进行的操作，其他操作采用逐项操作的形式。

在发布和接受调度操作指令时，双方必须互报单位、姓名，使用普通话和统一的调度、操作术语，并严格执行发令、复诵、监护、汇报、录音和记录等制度。发令、受令双方应明确发令时间和完成时间，以表示操作的始终。

操作任务票正常预发给各聚合电厂和储能项目运行人员操作任务票由零碳电厂值班监控员发送至各聚合电厂和储能项目运维操作人员。现场操作人员应根据零碳电厂调度员预发的操作任务票，结合现场实际情况，按照有关规程规定负责填写具体的操作票，并对填写的操作票中所列一次操作及二次部分调整内容、顺序等正确性负责。

正式操作时，接令操作人员根据现场设备的实际情况，认真审核操作票，确保正确无误，具备操作条件后，向零碳电厂值班调度员申请操作。

零碳电厂值班调度员发布调度操作指令时，如对上级调度管辖的系统有影响，应在发令前告知上级调度机构值班调度员。

各聚合电厂和储能项目运行值班人员在进行设备操作时，应严格遵守《电力安全工作规程》中有关电力线路和电气设备的工作许可、工作终结制度。

1. 电气操作

(1) 电气操作基本原则

各聚合电厂和储能项目现场设备应有明显标志，包括设备命名、编号、铭牌、转动方向、切换位置的指示及区别电气相别的色标，要有与现场设备和运行方式相符合的一次系统模拟图或计算机模拟系统图，现场要有运行规程、典型操作票和使用统一的、确切的调度操作术语，规范填写操作票，使用合格且合适的操作工具、安全用具和设施。

拉开开关将线路与系统或两系统解列之前，应先检查负荷分配情况，使通过解列开关的有功、无功负荷等于或接近于零。

根据电网调度规程操作规定：线路冷备用时，线路压变不改为冷备用。线路检修时，线路压变改为冷备用；母线改为冷备用时，母线压变改冷备用。

全场停电顺序：停全场逆变器，停集电线路、箱变、停无功补偿装置、倒换站用电，然后停站内高压母线、停站外高压送出线路(或含母线)；送电顺序与此相反。

开关检修时，应切除开关的控制电源及储能电源。检修工作结束后，应检查整个送电回路(包括开关本体)无遗留短路接地线。

开关两侧闸刀拉、合的顺序：停电时先拉开关，再拉负载侧闸刀，最后拉电源侧闸刀。送电时顺序与此相反。严禁带负荷拉、合闸刀。

手动合闸刀时应迅速而果断。当误合闸刀时禁止再拉开，如闸刀合在有短路故障的回路或将不同期的系统连接等，只有用开关将其回路断开或跨接后，方可再拉开。

手动拉闸刀时应缓慢而谨慎，特别是刀片刚离开触头时。此时如因误拉闸刀发生电弧，应立即将闸刀合上，并停止操作查明原因。如确因切断空载线路、空载母线、小容量空载变压器的电容电流或空载电流而产生的电弧，则应迅速将闸刀拉开。

具有远控功能的闸刀，原则上禁止现场就地操作。

(2) 电气设备的四种状态

① 设备的“运行状态”：是指设备的闸刀及开关都在合闸位置(开关手车在“工作”位置，且合闸)，将电源至受电端间的电路接通(包括辅助设备如电压互感器、避雷器等)。

② 设备的“热备用状态”：是指设备只靠开关断开而闸刀仍在合上位置(开关手车在“工作”位置，但开关分闸)，开关控制电源及储能电源小开关均在合闸位置。

③ 设备的“冷备用状态”：是指设备开关及闸刀(开关分闸，且开关手车在“试验”位置)都在断开位置。若无相关检修工作，开关控制电源及储能电源小开关均可在合闸位置。

④ 设备的“检修状态”：是指设备的所有开关、闸刀均断开(开关分闸，且开关手车在“仓外”位置)，开关控制电源及储能电源小开关均拉开，装设接地线或合上接地闸刀。

无功补偿装置如需停用检修，先停止无功补偿装置运行，待无功补偿装置进线开关及闸刀拉开、放电结束后，验明无电压合接地闸刀。

下列情况检查或投、退保护压板应填入倒闸操作票，其余情况可不填入操作票：

继电保护及其二次回路上有检修、试验工作，恢复送电前；分段开关对母线充电前；设备冷备用超过一周改热备用前。

继电保护压板的投入和切除：设备或线路投入备用或开关合闸送电前，应检查有关保护功能压板和保护出口压板投入；设备或线路退出备用后，保护压板是否切除应根据有关规定或通知执行。保护压板若无明确规定退出时，一般不退出。

调整运行设备的继电保护定值时，应做好防止继电保护装置误动作跳闸的措施，即在调整保护定值前切除该保护的跳闸出口压板，在监护下修改定值并复查无误，然后以高内阻电压表测量跳闸出口压板两端无异极性电压，方可投入跳闸出口压板。

(3) 取、放电压互感器高、低压熔断器的顺序

① 对 10 kV 母线系统的电压互感器：停电时先断开与该电压互感器相关的低电压保护直流电源，然后拉开低压小开关，将电压互感器小车摇至仓外位置，再取下高压熔断器；

送电时要先检查电压互感器小车在仓外位置，放上高压熔断器，再将电压互感器小车摇至“工作”位置，最后合上低压小开关。

② 正常运行中，母线电压互感器因故需要停用或需要在运行中取下其二次低压熔断器或拉开二次小开关时，需经生产主管领导批准（故障处理需立即退出运行的除外，但事后必须立即汇报）。

③ 当电压互感器停电引起有关二次电压回路失压时，应先将该电压互感器供给二次电压的与低电压有关的继电保护和自动装置（如低电压保护、低压过流保护等）退出运行。电压互感器恢复正常运行后，再将上述退出的继电保护及自动装置投入运行。

送出线路母线电压互感器停役需经零碳电厂调度值班员许可。

（4）电气操作规定

① 任何操作都必须严格执行《电力安全工作规程》（发电厂和变电站电气部分）中的有关条款。

② 原则上电气倒闸操作由现场运维人员根据命令执行。

③ 现场运维人员应根据预发的操作任务票，提前做好现场执行操作任务的各项准备工作，在接到操作正令后立即正确执行，操作完成后向上级汇报。

④ 属上级调度管辖设备的倒闸操作，必须有上级电网值班调度员的电话或书面命令方可操作。

⑤ 倒闸操作前必须了解系统的运行方式、继电保护及自动装置等情况，并考虑继电保护及自动装置是否适应新的运行方式的需要。

⑥ 倒闸操作时，必须使用合格的安全工具，操作人员应对其进行详细的检查。

⑦ 倒闸操作必须根据现场值班负责人的命令，受令人复诵无误后执行。发布命令应准确、清晰，使用正规操作术语和设备双重名称，即设备名称和编号。发令人使用电话发布命令前，应先和受令人互报姓名。值班调度员发布命令（包括受令方复诵命令）和接受命令的全过程，都要录音并做好记录。只有值班员及以上运行岗位人员有权接受当值调度员的正式操作令。

⑧ 开始操作前，应先进行核对性模拟预演，无误后再进行设备操作。操作前应核对设备名称、编号和位置，操作中应该认真执行监护复诵制。发布操作命令和复诵命令都应严肃认真，声音洪亮清晰。必须按操作票填写的顺序严格操作。每操作完一项，应检查无误后划一勾作记号，全部操作完毕后进行复查。

⑨ 操作必须有两人进行，其中一人对设备较为熟悉者作监护人。特别重要和复杂的操作，生产部门电气专责到场监护。

⑩ 电气设备停电后，即使是事故停电，在拉开有关隔离开关和做好安全措施前，任何人不得触及设备或进入遮栏，以防突然来电。

⑪ 发生人身触电事故时，为了解救触电人，可以不经许可，即行断开有关设备的电源进行抢救，但事后必须立即报告上级调度，并做好相关记录。

⑫ 为杜绝电气运行误操作事故的发生，必须遵守如下规定：

严格执行安全工作规程及有关倒闸操作规定，不得擅自决定何种工作不用操作票而违章作业。操作中应严格执行监护制度，不要随意地把“缺陷处理”当“事故处理”对待，均应按照制度要求填写倒闸操作票。

凡装有防误操作装置的设备，操作人员在操作中不得随意解除闭锁。若确实需要进行解锁操作，必须经过生产部门主任同意后方能进行，并应做好有关记录。

（5）电气操作流程

① 接受上级调度操作预发令，并进行核对、确认；

② 负责操作预令的填写、审核，并与运维人员核对、确认；

③ 运维人员接受预令后，拟定操作票并审核；

④ 值班负责人（或省地调度值班员）发布操作正令；

⑤ 运维人员接受正令；

⑥ 运维人员执行操作；

⑦ 运维人员操作完毕后汇报值班负责人，值班负责人汇报上级调度；值班负责人做好相应记录。

五、事故处理规定

零碳电厂值班调度员是零碳电厂管辖范围内各聚合电厂和储能项目事故处理的指挥者，应对事故处理的正确性负责，在处理事故时应做到：

① 最快速度限制事故发展，消除事故的根源并解除对人身和设备安全的威胁。

② 根据系统条件尽可能保持设备继续运行，以保证对用户的正常供电。

③ 最快速度对已停电的用户恢复供电，对重要用户应优先恢复供电。

④ 调整电力系统的运行方式，使其恢复正常。

在处理系统事故时，各聚合电厂和储能项目运行值班人员应服从零碳电厂值班调度员的统一指挥，迅速正确地执行零碳电厂值班调度员的调度指令。符合下列情况的操作，可以自行处理，并作扼要报告，事后再作详细汇报：

① 将对人员生命有直接威胁的设备断电。

② 确知无来电的可能性，将已损坏的设备隔离。

③ 发电厂厂用电部分或全部失去时恢复其厂用电源。

④ 其他在操作手册及现场规程中规定可以自行处理者。

事故处理的一般规定：当聚合电厂和储能项目发生事故或异常情况时，有关场站运行值班人员应迅速正确地向零碳电厂值班调度员报告发生的时间、现象、设备名称和编号、跳闸开关、继电保护动作情况及频率、电压、潮流的变化等。如涉及无人值班变电站，零碳电厂值班调度员应立即通知设备运检单位派人赶赴现场检查设备，检查后应立即向零碳电厂值班调度员汇报。

六、接入用户管理

公司营销、发展人员直接面对市场，积极争取社会用电大客户以散户方式接入综合智慧零碳电厂控制中心，参与需求响应、辅助服务、电力现货。公司与其签订响应协议，保障信息的合法性。

合作协议签订后，公司营销、发展部门委托上海发电设备成套设计研究院有限责任公司执行电能在线监测装置安装工作。安装工作启动前，安装人员需在公司安全质量环保监察部进行安规考试，合格后方能上岗作业，安装单位同步办理相应工作票，执行外委班组同质化管理要求及工作票管理规定。公司安全质量环保监察部委派专职人员进行现场安全监督，并进行班前较低，确保安全可控、在控。分为以下几类。

1. 分布式光伏接入

（1）手续办理

表 4－1　手续办理资料

序号	资料名称	
1	备案文件	
2	接入评审意见	
3	主要设备参数	

（2）接入方式

分布式光伏资源包括光伏组件、逆变器，利用逆变器 400 V 低压就近并网，无箱变和升压站高压部分，一般也不建设集中的监控平台。分布式光伏电站一般采用光伏数据采集融合前端设备，聚合各逆变器数据，对外提供 485 或者网口进行通讯。本方案采用智能前端，通过分布式光伏数据采集融合前端设备进行光伏数据采集，实现分布式光伏数据汇聚到零碳电厂运行系统平台，进行分布式光伏资源的远程实时监视、分析、运行管理。分布式光伏接入零碳电厂运行系统。光伏接入平台网络结构如图 4－9 所示。

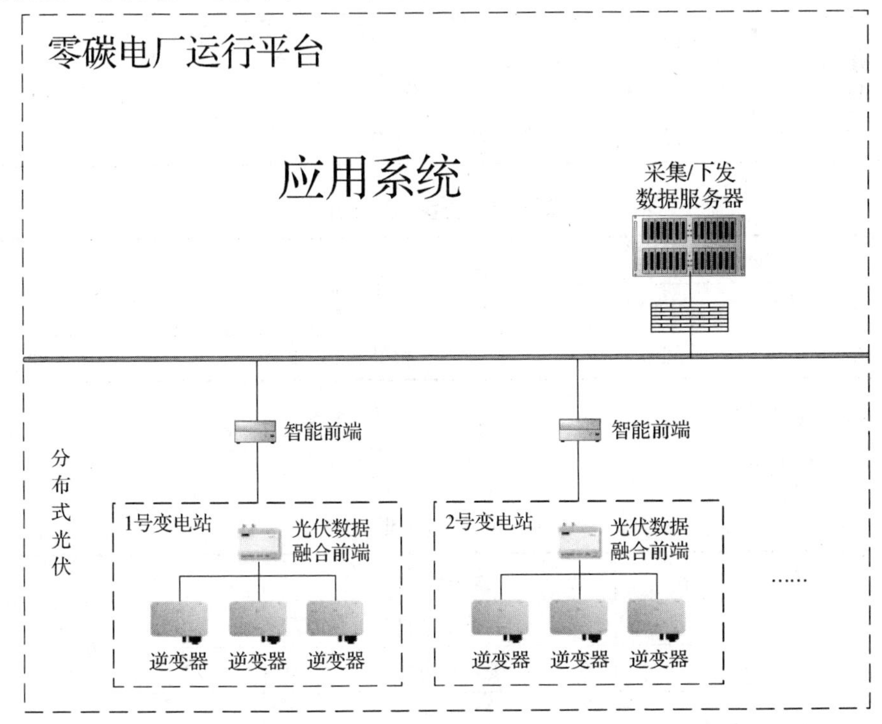

图 4－9　光伏接入平台网络结构图

系统监视分布在区域内各建筑的光伏电站的运行状态(如规模信息、是否并网、发电量、总发电量等信息),显示各分布式场站发电量、发电功率、装机容量等数据;显示单个分布式场站实时功率、装机容量、日/月/累计发电量以及功率曲线、设备状况等信息;显示单个逆变器详细情况,包括实时功率、日发电量、事件告警以及支路信息。

分布式光伏系统接入零碳电厂平台,预计的测点清单如表4-2~表4-5所示。

表4-2 状态控制(Status)

Metric		备注	更新频率
域	类型		
Rv	Int8	工作状态,1并网发电,0脱网不工作	1分钟

表4-3 电压电流(Volt Current)

Metric		备注	更新频率
域	类型		
Ua	浮点数	电压	1分钟
Ia	浮点数	电流	

表4-4 功率(Power Demand)

Metric		备注	更新频率
域	类型		
P	浮点数	总有功功率	1分钟
Q	浮点数	总无功功率	
C	浮点数	计算电量	

表4-5 告警(Alarms)

Metric		备注	更新频率
域	类型		
Al	Int8	报警状态	1分钟

2. 储能资源接入

(1) 手续办理

表4-6 手续办理资料

序号	资料名称	
1	备案文件	
2	接入评审意见	
3	主要设备参数	

(2) 接入方式

各类储能系统是零碳电厂的资源之一。零碳电厂通过与储能 EMS 或 BMS 通讯，实现储能电站的调控一体化管理，实现储能的实时监控、诊断预警、全景分析、高级控制功能，对储能电站 BMS 和 PCS 的集中监控，统一操作、维护、检修和管理，实现故障的快速去除、在负荷高峰时缓解电网压力、降低电网运行成本、提高经济效益。储能接入零碳电厂网络结构如图 4-10 所示。

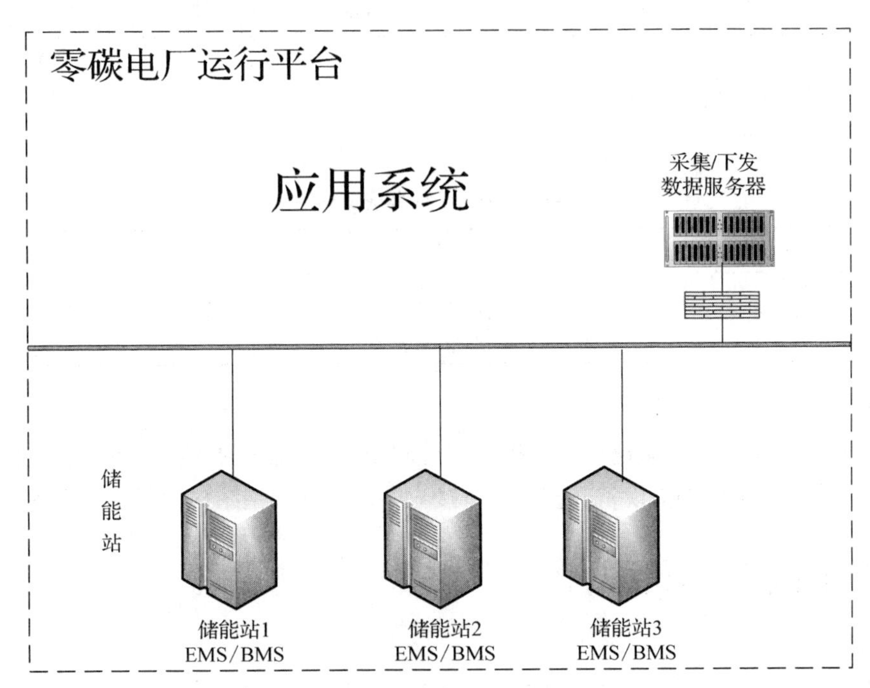

图 4-10　储能接入零碳电厂网络结构图

储能管理方面，系统进行实时数据采集和监控，包括储能站关键运行信息：电站额定功率、电站额定容量、电站 PCS 运行台数以及根据储能电站上送的运行数据，分析系统运行状态，挖掘或抽取有用的信息，如储能系统 SOC、SOH、储能充放电效率等。

储能系统接入零碳电厂平台，预计的测点清单如表 4-7～表 4-9 所示。

表 4-7　状态控制(Status)

Metric		备注	更新频率
域	类型		
Rc	int8	储能当前状态(充电 1,放电 0)	1 分钟
SOC	浮点数	每组储能 SOC	

表 4-8　电压电流(Volt Current)

Metric		备注	更新频率
域	类型		
Ua	浮点数	电压	1 分钟
Ia	浮点数	电流	

表 4-9　功率(Power Demand)

Metric		备注	更新频率
域	类型		
P	浮点数	总有功功率	1 分钟
Q	浮点数	总无功功率	
C	浮点数	计算电量	

3. 用户侧资源接入

(1) 手续办理

表 4-10　手续办理资料

序号	资料名称	
1	备案文件	
2	主要设备参数	

(2) 接入方式

用户侧直控资源是零碳电厂主要挖掘的可调资源。目前,接入的设备主要是空调、热泵、电锅炉等可控负荷相关设备。相关设备接入零碳电厂网络结构如图 4-11 所示。

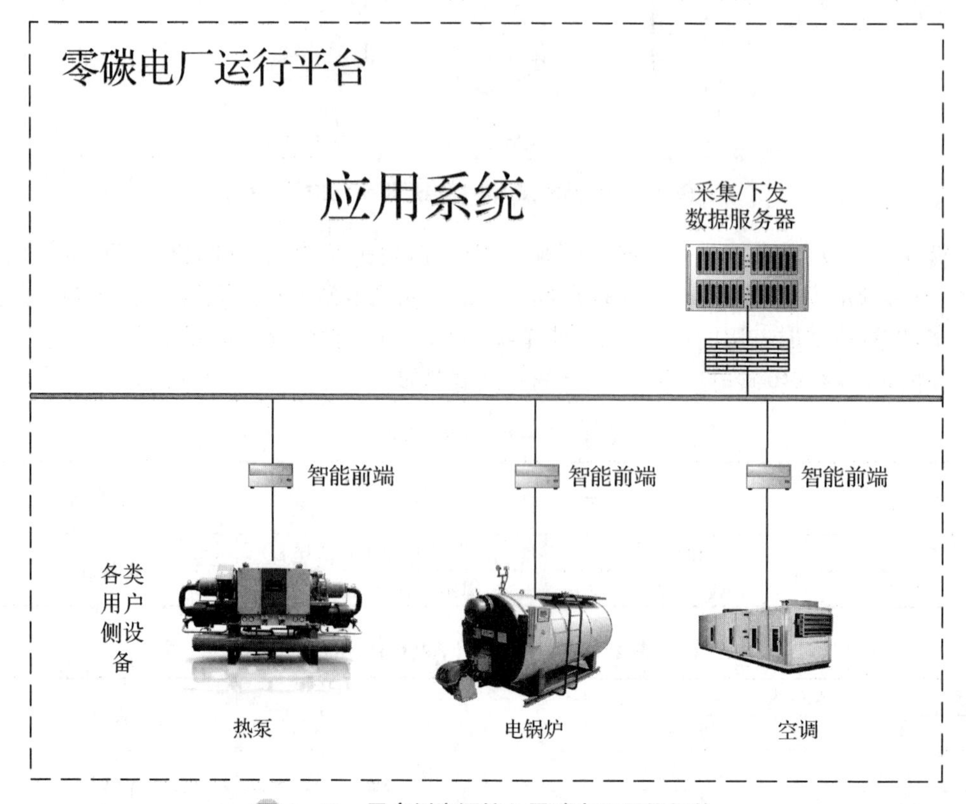

图 4-11　用户侧资源接入零碳电厂网络拓扑

用户侧负荷管理方面，系统进行实时数据采集和监控，包括用户侧可调设备关键运行信息：空调设备的运行状态、主机和水泵的电流电压、三相有功无功，分析空调系统运行状态，同时包括环境温度、湿度以及天气信息，挖掘或抽取有用的信息，如计算和优化空调出力，分析其实时可调容量等。

用户侧相关资源接入零碳电厂平台，预计的测点清单如表 4 - 11 所示。

中央空调—制冷主机数据如表 4 - 12、表 4 - 13 所示。

表 4 - 11　状态控制(Status)

Metric		备注	更新频率
域	类型		
Rb	Int8	工作状态，1 制冷，0 制热	1 分钟

表 4 - 12　制冷主机/冷却水泵/冷冻水泵　电压电流(Volt Current)

Metric		备注	更新频率
域	类型		
Ua	浮点数	A 相电压	1 分钟
Ub	浮点数	B 相电压	
Uc	浮点数	C 相电压	
Ia	浮点数	A 相电流	
Ib	浮点数	B 相电流	
Ic	浮点数	C 相电流	

表 4 - 13　制冷主机/冷却水泵/冷冻水泵　功率(Power Demand)

Metric		备注	更新频率
域	类型		
P	浮点数	总有功功率	1 分钟
Pa	浮点数	A 相有功功率	
Pb	浮点数	B 相有功功率	
Pc	浮点数	C 相有功功率	1 分钟
Q	浮点数	总无功功率	
Qa	浮点数	A 相无功功率	
Qb	浮点数	B 相无功功率	
Qc	浮点数	C 相无功功率	
C	浮点数	计算电量	

中央空调辅助设备冷却水泵/冷冻水泵等设备需传输以下数据，如表 4 - 14～表 4 - 16 所示。

表 4－14　状态控制（Status）

Metric		备注	更新频率
域	类型		
Rf	浮点数	变频水泵传输实时工作频率	1 分钟

表 4－15　电压电流（Volt Current）

Metric		备注	更新频率
域	类型		
Ua	浮点数	A 相电压	1 分钟
Ub	浮点数	B 相电压	
Uc	浮点数	C 相电压	
Ia	浮点数	A 相电流	
Ib	浮点数	B 相电流	
Ic	浮点数	C 相电流	

表 4－16　功率（Power Demand）

Metric		备注	更新频率
域	类型		
P	浮点数	总有功功率	1 分钟
Pa	浮点数	A 相有功功率	
Pb	浮点数	B 相有功功率	
Pc	浮点数	C 相有功功率	
Q	浮点数	总无功功率	
Qa	浮点数	A 相无功功率	1 分钟
Qb	浮点数	B 相无功功率	
Qc	浮点数	C 相无功功率	
C	浮点数	计算电量	

4. 充电桩资源接入场景资源接入

（1）手续办理

表 4－17　手续办理资料

序号	资料名称	
1	备案文件	
2	主要设备参数	

(2) 接入方式

充电桩接入虚拟电厂系统平台的技术已比较成熟,充电桩运营商建设了管理运营云平台,充电桩可实现就地和云平台管理。在零碳电厂平台系统中,通过充电桩运营商云平台接入充电桩,聚合不同运营商的充电桩资源。相关设备接入零碳电厂网络结构如图 4-12 所示。

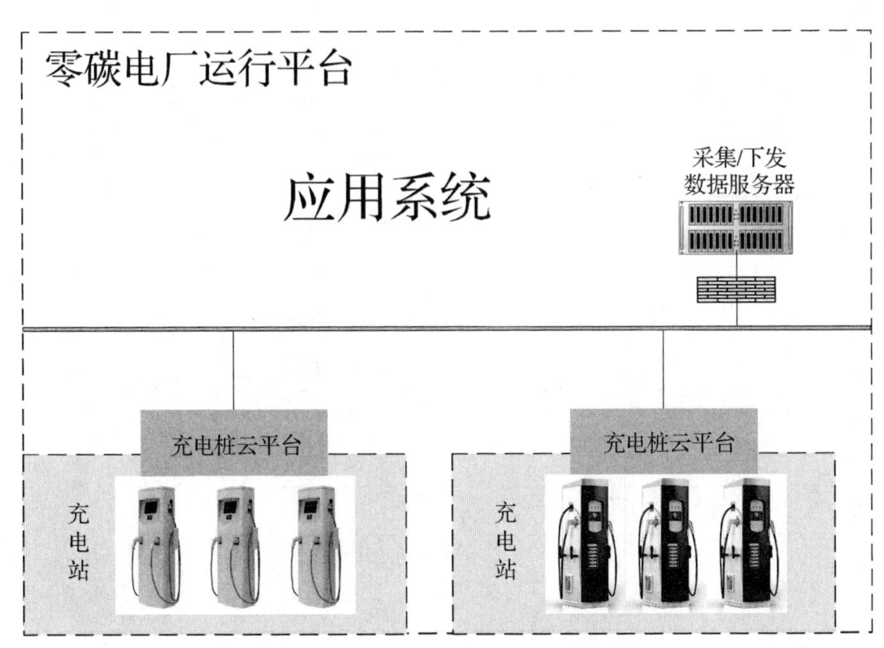

图 4-12　充电桩资源接入零碳电厂网络拓扑

充电桩相关资源接入零碳电厂平台,预计的测点清单如表 4-18～表 4-21 所示。

表 4-18　状态控制(Status)

Metric		备注	更新频率
域	类型		
Rc	Int8	当前状态(充电 1,闲置 0)	5 分钟

表 4-19　电压电流(Volt Current)

Metric		备注	更新频率
域	类型		
Ua	浮点数	电压	5 分钟
Ia	浮点数	电流	
Ub	浮点数	电压	
Ib	浮点数	电流	

续 表

Metric		备注	更新频率
域	类型		
Uc	浮点数	电压	5 分钟
Ic	浮点数	电流	

表 4-20 功率(Power Demand)

Metric		备注	更新频率
域	类型		
P	浮点数	总有功功率	5 分钟
Q	浮点数	总无功功率	
C	浮点数	正向有功电能量	
Pa	浮点数	有功功率(A)	
Pb	浮点数	有功功率(B)	
Pc	浮点数	有功功率(C)	
Qa	浮点数	无功功率(A)	
Qb	浮点数	无功功率(B)	
Qc	浮点数	无功功率(C)	

表 4-21 功率因数(Power Factor)

Metric		备注	更新频率
域	类型		
F	浮点数	功率因数(总)	5 分钟
Fa	浮点数	功率因数(A)	
Fb	浮点数	功率因数(B)	
Fc	浮点数	功率因数(C)	

七、电测量技术监督管理

(1) 电测计量标准

根据《中华人民共和国计量法》有关规定，配置计量标准器必须经过考核合格后方能投入使用。配置计量标准的要求：

① 企业应当按照计量检定规程或计量技术规范的要求，科学合理，完整齐全的配置计量标准器及配套设备(包括计算机及软件)，并能满足开展检定或校准工作的需要；

② 计量标准应是技术先进、性能可靠、功能齐全、操作简便、自动化程度高的产品，应具备与配套管理的计算机联网进行检定和数据管理功能。检定数据应能自动存储且不能被人为修改，数据导出及备份方式应灵活方便；

③ 一般应配置：交直流仪表检定装置、电量变送器检定装置、交流采样测量装置检定装置、交流电能表检定装置、万用表检定装置、钳形电流表检定装置、绝缘电阻表检定装置等。

④ 建立健全仪器仪表设备台账（计算机电子档案），台账内容应根据检验、使用及更新情况进行补充完善，台账信息至少包括：设备名称、型号、编号、规格、等级、制造厂、检定时间、检定周期、有效期、检定单位、检定结论、检定人，现场运行电测计量设备还应有一次设备名称、安装地点、安装日期、设备外形尺寸、接线端子状况等。

应建立台账的电测计量设备包括：关口电能计量装置（电能表、互感器）、计量标准及辅助设备、便携式仪器仪表、现场运行仪器仪表、其他仪器仪表。

（2）制定计划

企业应根据检定周期和项目，制定仪器仪表年度检验计划，按规定进行检验、送检和量值传递，对检验合格的可继续使用，对检验不合格的送修或报废处理，保证仪器仪表有效性。

（3）关口电能计量装置

Ⅰ类电能计量装置宜每 6 个月现场检验一次；Ⅱ类电能计量装置宜每 12 个月现场检验一次；Ⅲ类电能计量装置宜每 24 个月现场检验一次。运行中的电压互感器，其二次回路电压降引起的误差应定期检测，35 kV 及以上电压互感器二次回路电压降引起的误差，宜每 24 个月检测一次；当二次回路及其负荷变动时，应及时进行现场检验；当二次回路负荷超过互感器额定二次负荷或二次回路电压降超差时应及时查明原因，并在 1 个月内处理。运行中的电压、电流互感器应定期进行现场检验，要求如下：高压电磁式电压、电流互感器宜每 10 年现场检验一次；高压电容式电压互感器宜每 4 年现场检验一次。

① 重要电能表（主变压器、高压厂用变压器、高压厂用备用变压器）应每年检验一次；其他电能表 4～6 年检验一次。电能表虚负荷检验周期不得超过 6 年。

② 用于贸易结算、安全防护、环境监测、资源保护、法定评价、公正计量等强制计量标准的单位，应当向当地法定计量机构申请周期检定；

③ 仪器仪表实行周期检验，应结合检修周期制定检验计划并落实，仪表准确度的选择依据行业技术标准和安全、经济运行需求确定。

八、预测与结算

1. 可调负荷

（1）用户资源潜力影响因素分析

在实际运行层面，各类用户资源能否参与虚拟电厂以及参与度的大小，除了与外部刺激（主要是价格和激励信号）密切相关外，主要由其负荷特性决定。具体来说：

根据用户生产生活条件限制，用电设备可分为可调负荷和不可调负荷。

① 不可调负荷：在电网高峰时段下，用户负荷中心不可以调节的负荷部分，该部分负荷要求的供电可靠性高，一旦改变会对用户生产生活或者电网安全可靠性带来严重影响。

② 可调负荷:电网高峰时段下,用户负荷中心可以调节的负荷部分。从调节负荷的角度,一般认为,可调负荷具备较大的虚拟电厂资源潜力。

(2) 可调负荷的调节能力

用户可调负荷的调节能力大小与用户终端设备功率、设备使用频次、保留负荷等密切相关;由于用户响应行为具有间歇性特征,因此用户负荷的季节性、周期性、日负荷特性等均影响到需求响应的可调节时段和响应时间。同时,用户负荷与电网高峰负荷的关系,也会影响用户的可调节能力等。具体包括内容如下。

① 使用频次:按照用电设备使用频率,可以分为连续使用、经常使用和偶尔使用三种主要类型。

② 保留负荷:指用户在不影响基本生产生活,同时用电行为的改变对电网不造成负面影响的情况下,应该保留的最低负荷。

③ 可调节时段:可调节时段与用户用电特征相关。根据用户用电是否具有明显的季节性特征,如夏季空调制冷、冬季电采暖等,工作日和非工作日特征,以及早晚高峰等,可区分季、月、日可调节时段。

④ 响应时间:用户根据价格或激励信号做出改变用电的行为,这种行为的改变一般是临时性的,做出临时性用电行为改变的时点以及持续的时间,可称之为响应时间。

⑤ 峰荷同时率:指区域电网负荷峰值与用户(用户组)负荷峰值之和的比值。影响峰荷同时率大小的主要因素,包括用户所有用能设备功率、用户负荷发生的时间概率、区域电网负荷特性等。

2. 负荷预测

如图 4-13 所示,负荷预测主要展示用电资源企业的预测用电量数据以及和表计实时负荷的对比,可以按不同时间、不同预测算法对比分析单个用电资源第二天的负荷数据。

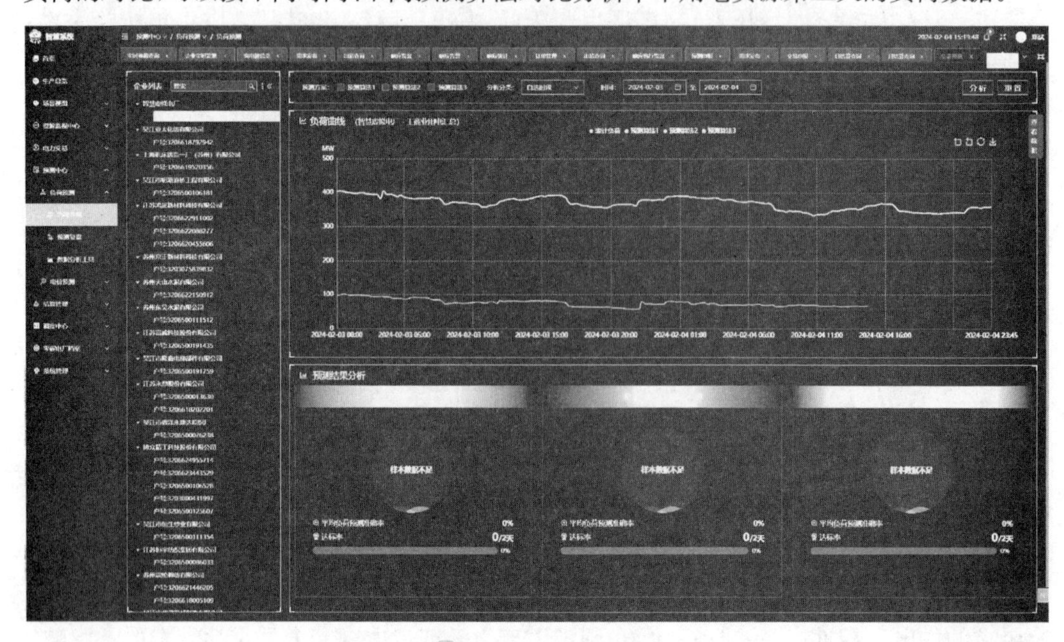

图 4-13　负荷预测

3. 预测复盘

如图 4-14 所示,预测复盘主要展示用电资源企业的预测用电数据以及与表计实时负荷的对比偏差率,可以按不同时间维度查询单个用电资源的不同预测算法数据。

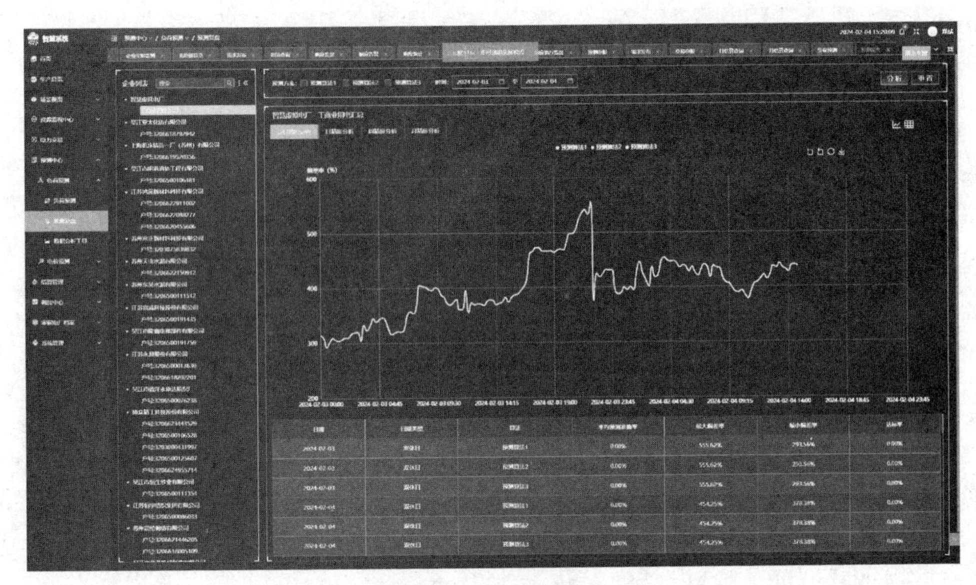

图 4-14　预测复盘

4. 电价预测

(1) 电价信息

如图 4-15 所示,主要展示各类型资源在尖峰平谷的时段和电价,可以按月份查询各类型资源的电价和尖峰平谷信息。

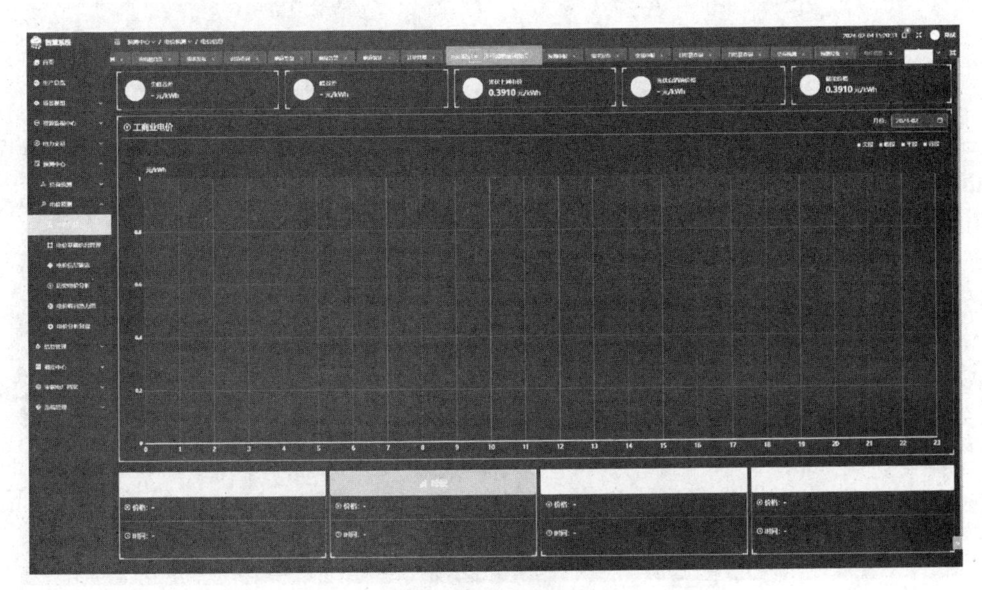

图 4-15　电价预测

(2) 电价基础信息管理

如图 4-16 所示,电价基础信息管理主要展示不同电价方案的尖峰平谷时段和价格信息列表,可以新增、删除、修改、查询电价信息与尖峰平谷时段。

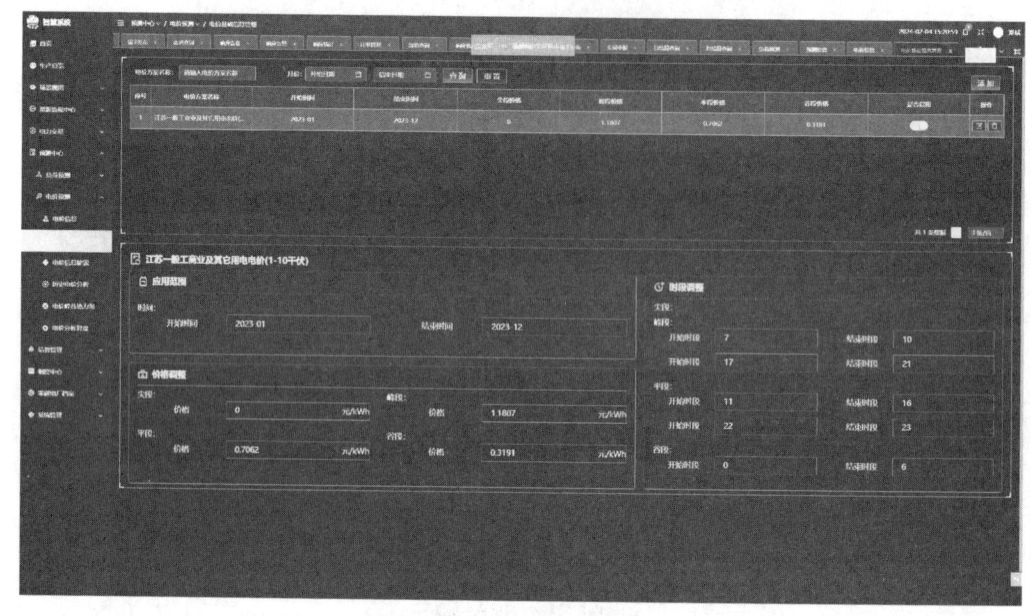

图 4-16 电价基础信息管理

(3) 电价信息披露

如图 4-17 所示,电价信息披露主要展示电网公示的小时电价信息曲线,可以按日期查询历史电价信息。

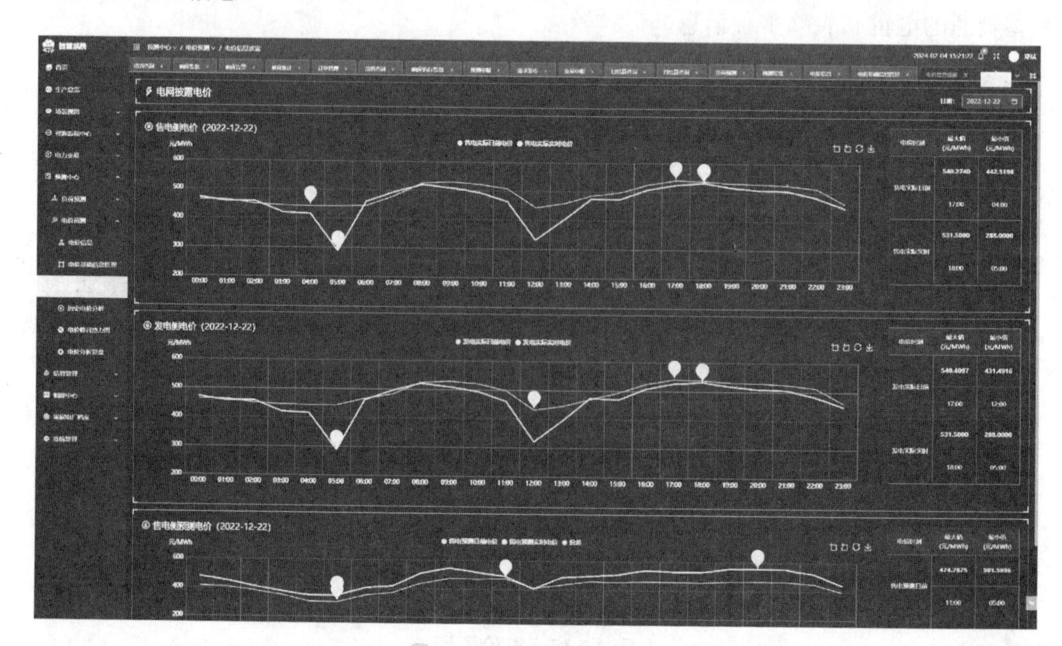

图 4-17 电价信息披露

(4) 电价分析复盘

如图 4－18 所示,电价分析复盘主要展示电网售电侧的电价信息以及和预测电价的对比数据,可以按时间段查询。

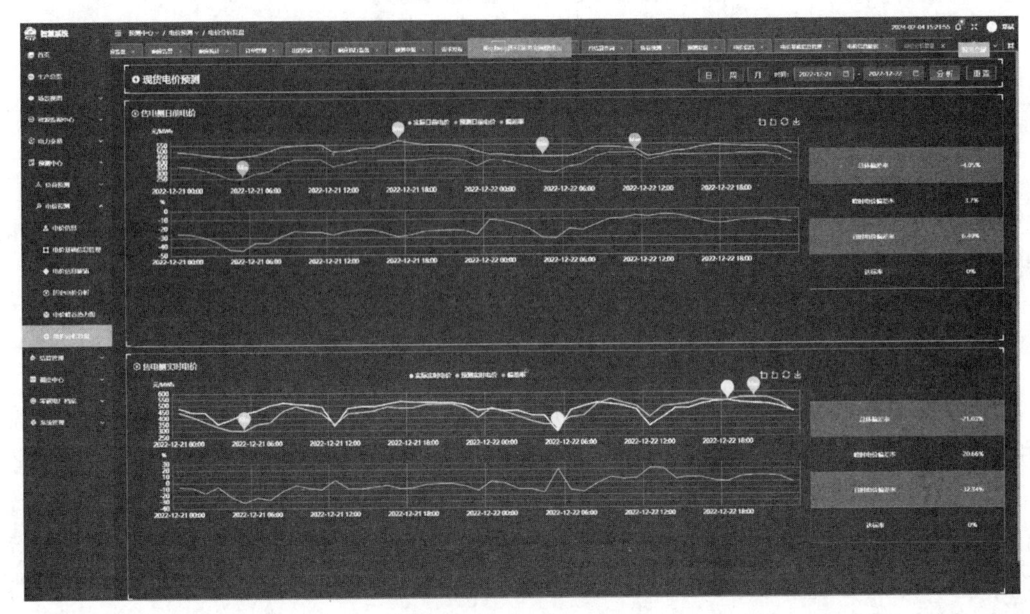

图 4－18　电价分析复盘

5. 结算管理

如图 4－19 所示,结算管理主要展示本系统的月度结算单,包括电量、电价、费用等相关数据。

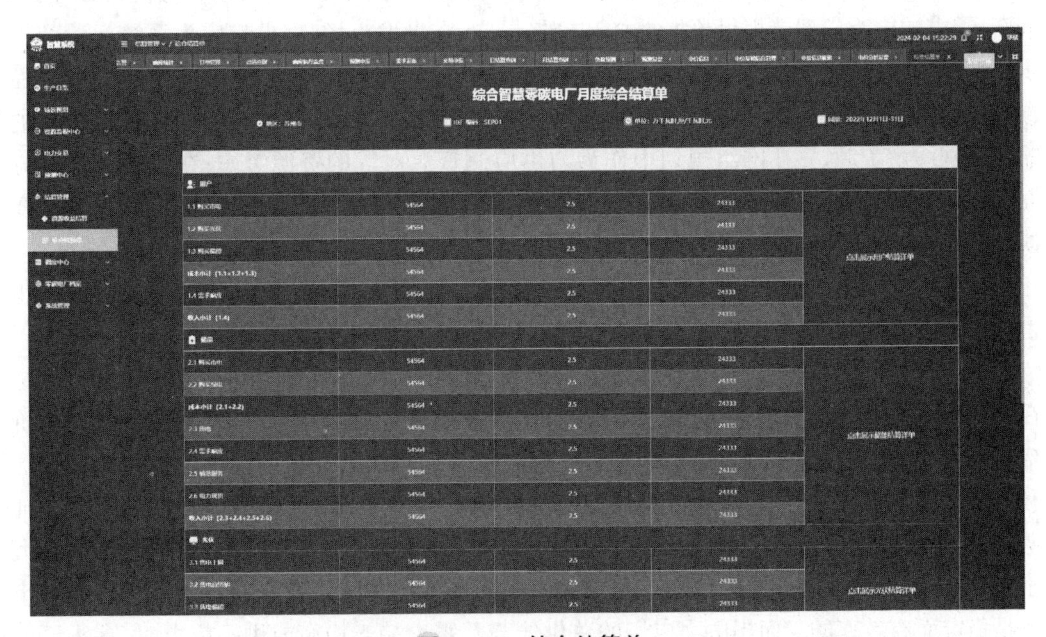

图 4－19　综合结算单

第二节　电力交易

一、需求响应

当电力系统可靠性受威胁时，电力用户接收到减少负荷的直接补偿通知，改变其固有的习惯用电模式，达到减少或者推移某时段的用电负荷而响应电力供应，保障电网稳定，并获取收益。

1. 发展需求响应的重要意义

需求响应的重要意义体现在三个方面。

(1) 需求响应是电力市场改革后新的电力工业组织架构下需求侧管理的方向、主流和新生形式。

在电力市场改革前，需求侧管理只是作为垂直垄断的电力公司的负荷管理工具或是政府提升能源效率的手段。在市场改革后，需求响应已从负荷管理工具提升到与供应侧对等的系统资源，渗透到市场的各个环节。发电商可把需求响应当作其非计划停运的风险回避工具；系统运营商可把需求响应作为经济有效地匹配供需、保持系统稳定的工具；电网运营商可把需求响应作为缓解网络阻塞、改善当地供电质量和可靠性的工具；零售商可将其作为有效平衡顾客需求与已签合同购买量的工具；电力用户可以把它作为有效参与市场、管理自身用电成本和电价风险的工具。在零售市场、批发市场、系统安全市场和可靠性市场，需求响应资源都可作为与供应侧资源对等的资源而广泛参与其中：在零售市场，通过价格产品的创新，需求响应为消费者提供价格选择和价格导向；在批发市场，需求响应为系统运营商提供经济调度手段，作为增加市场灵活性的新的市场资源；在系统安全市场，需求响应则全面参与辅助服务市场、容量和备用市场的投标；在电网可靠性方面，需求响应同样提供分布的输配电网缓解资源，并在网络规划中作为与供应侧资源对等的资源考虑；在效率和环境方面，需求响应通过补偿峰荷容量，促进能源节约、效率提升和环境改善；最重要的则是后面要谈到的，需求响应是新的市场资源和平衡制约供应侧市场力的重要工具。

(2) 需求响应是电力市场建设中重要的稳定力量，是提升电力市场效率的重要手段，是综合资源规划的优先资源。

在一个有效的市场中，价格是由市场的买卖以及供需双方复杂的互动所形成的。但是在初期的电力市场，尤其是单边电力市场中，购买方没有也无法参与价格设定过程，从而价格也未能起到供需之间“防震锤”的作用，使得电力市场相比其他市场要不稳定得多。在加利福尼亚州电力危机之后，电力市场的稳定性问题受到了人们的普遍关注。理论界已经证明，单边开放的电力市场是无法依靠自身的调节机制实现稳定运行的。当市场上总供给大于总需求时，寡头厂商会通过价格竞争来淘汰边际成本过高的厂商，在这一过程中，电力市场是稳定而有效率的。而当电力市场的总供给与总需求趋于均衡或供不应求时，寡头厂商此时就具有强大的市场力来操控价格，造成市场价格飞涨，这时候的市场可以说是不稳定和缺乏效率的。由于受时间、资金、技术等因素制约，新厂商的进入有阻碍和滞后，即使价格波动最终会通过市场的自发调节而收敛到一个稳定值，但通常情况下价格长时间的大幅度波动现象是人们所不能接受的，因此就必须要有其他措施来保证电力市场的安全稳定运行。

需求响应就是保证电力市场稳定运行的一个有效措施。在电力市场中，寡头发电厂商操纵市场价格的能力，可用该厂商的市场均衡份额和消费者价格弹性的比值来表示。所以，要维持电力市场的稳定有两条途径：一个是减少其市场份额，但这难免也会损害发电规模经济性；另一个是提高需求侧价格弹性，也就是增加需求响应能力。很显然，将供应侧的集中度减少一半与将需求侧的价格弹性增加一倍，效果是相同的，且后者更容易做到，其实施成本和效率损失更小。

和许多国家特别是发展中国家一样，我国正走在了一条以单一买方开放模式为起步的循序渐进的电改道路上。从本国市场基础的实际情况和电力工业的承受能力考虑，这是正确的选择。但是，如果不从一开始就注重防范矫正单边电力市场固有的稳定性问题，这是非常危险的。因此，从这个角度理解，我国引入需求响应的意义重大，远远超出以往需求侧管理项目的局部地域性和单体性，已完全不是提升某个地区的用电效率的对策，而是提升整个电力市场的稳定水平和运行效率的对策。也就是说，要在根本的市场规则的设计和市场的搭建上，从起初就引入供应侧和需求侧双方资源来共同完成价格设定工作。

(3) 需求响应是智能电网的主要和重要内容，是新型电力工业生产关系的主要表现形式。

2008 年，美国总统奥巴马在当选之后不久宣布将智能电网建设作为应对金融危机、创造新经济模式的国家战略，将电网从一个行业中间环节提升到了新经济和新社会生活方式平台的高度，旨在像当年引领互联网潮流一样，决心让美国再次引领一段新的“网络”潮流。因此，智能电网的关注点和落脚点已不单纯是电力系统的范畴了，而是要为所有用户提供一个智能化用电平台。通过智能电网实现对分散式资源，特别是需求响应资源的智能互动式整合，期望通过先进计量系统与智能型用电设施的推广和渗透，打造新的经济模式和社会生活方式的平台。

按照美国能源部供电和能源可靠性办公室的描述，智能电网就是能与需求侧互动的电网，不同于传统电网，它能连续不断地接受需求侧的反馈，并允许消费者更好地选择对电力的使用，从而降低成本，即为供给侧与需求侧提供了一条“双车道”。美国能源技术实验室给出的智能电网的功能和目标中很重要的一条就是使用户通过需求响应项目积极参与电网互动。在欧洲 SDD 报告中，智能电网的首要目标就是提供以用户为中心的解决方案，并能促进需求侧资源的参与。该报告同时指出，欧洲当前在智能电网方面的主要行动是要提高更小范围即分散的建筑中的电源系统与全系统之间的和谐互动；增加通信基础设施，允许潜在的数以百万计的成员在单边市场上进行操作和交易；激活需求侧，让所有的用户都能在系统运行中发挥出积极的作用。

综上所述，需求响应对提升能源效率、提高电力系统和电力市场的稳定性和运行效率都至关重要，同时需求响应作为智能电网的重要内容，已经超越了电力系统的范畴，成为新经济模式的平台和大国竞争的新的制高点。

二、辅助服务

电力辅助服务是指为维护电力系统的安全稳定运行，保证电能质量，除正常电能生产、输送、使用外，由发电企业、电网经营企业和电力用户提供的服务，包括一次调频、自动发电控制(AGC)、调峰、无功调节、备用、黑起动等(调峰严格地说不属于辅助服务)。电力辅助服务也是虚拟电厂对外提供的重点服务之一。

区块链作为低成本的无中心化共识方案，可以为辅助服务市场交易进行公证，建立服务购买者、服务供应商之间交易的场外注册机制，达成辅助服务市场中各参与实体之间的分区共识，在实现分参与辅助服务市场的电力用户资产认证、登记、注册，辅助服务交易、专项资金补贴、违约合同罚款等，均记入辅助服务市场的总账本，由电力企业、分布式能源、负荷集成商、政府以及其他第三方机构共同记账，所有信息、数据可以追溯，并且无法更改。

在区块链系统上，辅助服务需求可以以智能合约的方式通过区块链向全网参与者发布，辅助服务需求既可以由调度机构发布，也可以由发电企业根据电站的需求自行发布。

参与辅助服务市场的分布式能源、负荷集成商无须中介的参与就可以实现交易双方的直接交互，从而提高交易的效率。

基于区块链系统，调度机构就可以全面实时地了解电力系统的运行状况，并做出基于综合效益最大化的辅助服务调度方案，并且所有参与节点都可以通过区块链了解系统真实的运行情况。

此外，通过区块链技术智能合约机制与电网企业未来的大数据平台平滑对接，可以实现电力辅助服务交易过程中与气象数据、用户行为数据等系统的联动，通过对多系统数据的分析预判电网的运行状态，从而科学准确地发布相关数据并提供部分决策支撑，并以此为据作为电力辅助服务市场的交易参考。

2020 年 5 月，美国住宅储能提供商 Sunverge 公司宣布，计划为马里兰州公用事业厂商 Exelon 公司的子公司 Delmarva Power 公司部署由住宅太阳能＋储能系统构建的一个虚拟电厂项目，除出售电能外，还将参加辅助服务市场，为电网提供电压/无功优化、无功功率支持、频率响应和频率调节等服务。

同样在 2020 年 5 月，国网青海省电力公司依托“国网链”打造新一代共享储能模式，开辟我国首个区块链共享储能市场。区块链这一底层技术，以其独特的去中心、去信任、集体维护、数据透明、可信的特性，刚好迎合了储能调峰辅助服务技术支撑的急切需求，储能的分散式布局、紧急快速响应、充放电电量的精准匹配，无一不是区块链技术的完美应用场景。如今，国网青海省电力公司基于区块链的共享储能辅助服务交易平台能够自动组织新能源企业开展交易，将新能源电量储存至共享储能电站。区块链技术自动匹配最优解，让新能源企业共享了储能资源，实现新能源最大化消纳，通过市场化收益分配实现多方共赢。

1. 参与辅助服务市场

首先，辅助服务交易在电力现货市场中是不可或缺的组成部分，是维持电力系统稳定的基本途径。电力市场辅助服务是指为维护电力系统的安全稳定运行，保证电能质量，除正常电能生产、输送、使用外，由发电企业、电网经营企业和电力用户提供的服务，目前主要包括一次调频、自动发电控制、调峰、无功调节、备用、黑启动等功能。以下内容，以调频功能为例对辅助服务市场进行阐释。

与电能量市场交易类似，虚拟电厂参与的调频服务市场的竞标流程可以分为日前、实时和结算三个阶段。

① 日前段：在日前市场中，电网调度中心公布次日调频需求，作为辅助服务市场交易的开始阶段。此时，虚拟电厂及其他发电单位需要参考自身调节能力向调度中心日前申报参与辅助服务市场的任务量。最后，电网调度中心会进行日前预出清，公布虚拟电厂及其他发电单位在次日需要承担的调频任务。

② 实时阶段：次日，电力现货市场开放。由于日前对调频需求和发电单位调频能力的预测会存在一定的偏差量，实时现货市场需要对此部分偏差以及相应的经济利益，通过竞标交易进行再次分配。现货市场上，电网调度中心会根据实际运行情况进行正式出清，有富余调节能力的虚拟电厂及其他发电单位应当积极响应电力调频需求，参与辅助服务实时交易。最后，电网调度中心会对虚拟电厂及其他发电单位各自的实际出力情况进行结算，作为结算阶段的交易凭证。

③ 场结果与日前交计划存在差异，一般日前中标电量按照日前中标电价结算，而实时中标偏差电量按照实时中标电价结算。并且，调频服务电价与电能量电价一般会存在一定的差价。针对结算阶段的内部收益分配，虚拟电厂根据每个分布式能源实际出力情况把电力市场收益进行公平的分配。辅助服务市场目前在结算阶段广泛采用调频市场保险机制，值得关注该制度的运行机制。首先，该机制中的参与主体主要为电力市场交易中心、虚拟电厂及其他发电单位，其中交易中心充当提供保险业务的机构，而虚拟电厂及其他发电单位充当保险业务的购买者。然后，该机制是根据辅助服务市场自身需求应运而生的。在日前市场中，供应商会根据自身历史运行数据对自身参与辅助服务能力做出预测，作为市场竞标电量的依据。然而，预测差值会给发电主体带来市场风险，如果预测偏大无法完成调频任务，会受到经济惩罚；如果预测偏小无法获得最大经济效益，影响企业经营。最后，该机制在实际运行过程中，虚拟电厂及其他发电单位会对自身交易风险做出评估，在辅助服务市场开始之前决定本次市场交易是否向电力交易中心缴纳保险费用。缴纳保险的发电企业，如果无法完成辅助服务任务，交易中心会根据投保金额的大小对企业的经济惩罚进行一定量的减免。

总的来看，相比过去辅助服务主要由火电机组提供，虚拟电厂参与辅助服务交易，有利于优化市场结构，保证经济效益和社会效益最大化。虚拟电厂对分布式发电、可控负荷、储能系统、电动汽车等不同类型的分布式电源进行聚合，其实特别适合参与电力系统调频等辅助服务。例如，分布式发电具有快速精确的响应能力，有利于提高系统的稳定性，调节效率明显高于传统火电机组。分布式发电的聚合有利于优化资源配置，充分利用需求响应以及风、光等可再生资源，降低辅助服务成本，有效缓解辅助服务给火电企业带来的经营压力，提高整个电力系统运行的经济性。

为维持电力系统安全稳定运行，保证电能质量，促进清洁能源消纳，响应电力调度指令，进行削峰填谷等辅助服务。

2. 辅助交易

如图 4－20 所示，辅助交易主要展示辅助服务订单信息列表，可以按条件查看、删除订单信息，并可点击【辅助交易编号】查询交易订单的具体执行流程。

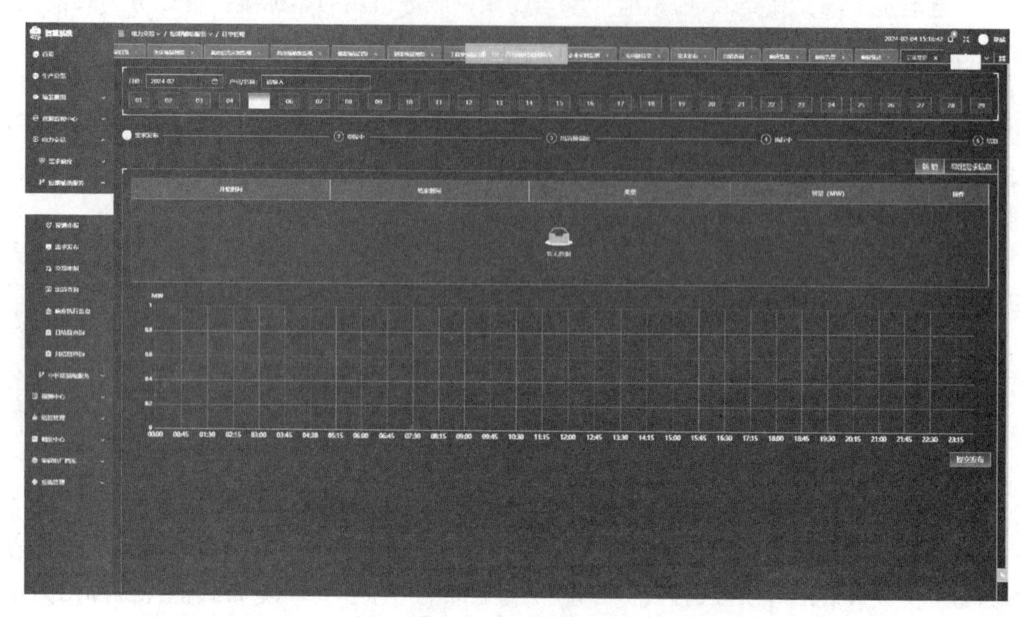

图 4－20　辅助交易

3. 信息看板

如图 4－21 所示，信息看板主要展示辅助服务的邀约信息列表，主要功能有：导入、查询、删除辅助服务邀约信息；导入企业参考基线负荷；导入预测用电负荷；创建交易订单等。

图 4－21　信息看板

4. 结算统计

如图 4－22 所示，结算统计主要展示辅助服务结算数据，可以按时间范围查询参与户次、中标价格、有效响应容量和收益等数据。

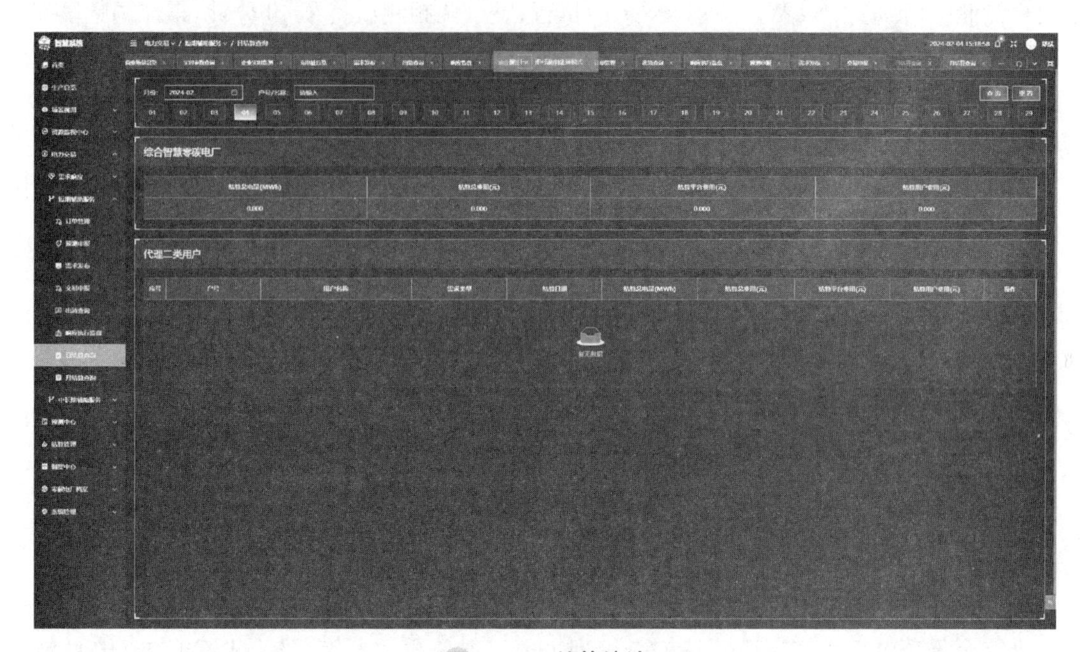

图 4－22　结算统计

三、案例分析

苏州综合智慧零碳电厂实际运行最大负荷约 118 万千瓦，最大可中断负荷约 88 万千瓦，最大可调负荷约 19.7 万千瓦，并已通过省发改委经济运行局审核，具备随时启动响应服务条件。基于苏州综合智慧零碳电厂平台，2023 年 5 月 24 日正式通过注册申请，获得售电资质，建设完成江苏首家纯绿电交易的售电公司，开启了零碳电厂发展的新模式。2023 年 8 月 11 日，完成省间绿电交易出清（山西送上海、江苏、浙江）成交 7 MW・h 电量，打通了省间绿电交易通道，为零碳电厂创造了新的商业模式。协同省电力交易中心，向北京电力交易申请到中长期（用户侧灵活资源）交易试点，并参与江苏省中长期可调负荷（灵活资源）辅助服务市场规则制定，引导制定统一的市场准入标准、程序和交易规则。2023 年 7 月 24 日和 25 日 18 点至 22 点，苏州综合智慧零碳电厂组织相关单位参与，累计调峰 31 MW，取得 185 460 元补贴收益，按照比例分成，企业收益 164 896.38 元，零碳电厂收益 20 563.62 元，实现了商业模式新突破。

2023 年 8 月 15 日 9 点 55 分，苏州综合智慧零碳电厂接到国网江苏调度控制中心调峰直调指令，15 日上午 10 时至 11 时，削峰负荷 1 400 kW。苏州综合智慧零碳电厂积极响应，组织聚合客户积极参与，最终削峰负荷 1 873 kW，实现零碳电厂（虚拟电厂）国内首次调度直调，参与的可调资源包括用户侧储能、重卡换电站、蔚来换电站、工商业可调负荷、空调负荷等。

2023年8月23日19点01分至19点41分，完成首次AGC调频直调。本次调频，省调度中心通过AGC以30秒的频率向零碳电厂发送调频指令，目标出力在−500 kW至500 kW范围内变化。零碳电厂平台接收调度指令后，分解指令并下发至自建的吴江京奕用户侧储能(容量600 kW/1 380 kW·h)执行，整个调频测试持续40分钟，累计调频里程29.1 MW，实现了AGC指令的秒级响应和跟踪。

苏州综合智慧零碳电厂通过聚合的可调资源池，以市场化方式参与绿电交易、短期辅助服务、中长期辅助服务、需求响应等各类电力服务，推动零碳电厂常态化参与调峰调频等辅助服务市场，充分激发零碳电厂自身活力，提升零碳电厂在市场中的生命力和竞争力，并提前布局现货交易、绿证开发、碳足迹认证等市场。最终，通过能源网建设，联通政务网，融合社群网，链接“千家万户”，构建“三网融合”生态的“新跑道”，为构建新型电力系统贡献苏州力量。

第三节　安全管理

一、概述

综合零碳电厂生产运营阶段安全管理主要根据分布式光伏、储能装置等其他新能源发电设备突出的安全风险，提出建议控制措施。

二、分散式光伏主要安全风险

1. 消防安全风险

① 光伏设备起火或直流电缆故障产生直流拉弧，能量较大，不易熄灭，可能烧坏彩钢瓦，引燃建筑物内物品。

② 建筑物内高温环境、线路老化、易燃易爆物品起火等原因，造成火灾。

③ BIPV屋顶通风散热差，组件产生热斑后，局部高温运行存在火灾风险。

④ 屋顶补漏动火作业存在火灾风险。

⑤ 分布式光伏所在建筑使用者多为私营企业，消防设施投入、消防管理水平、消防安全意识参差不齐。电站业主在双方关系中(屋顶租赁、电量交易关系)处于被动地位，对建筑物及周边消防安全管控发挥作用有限，且双方消防及安全责任界定难，存在盲区以及法律、法规、监管层面的空白等问题。

2. 建筑结构风险

分布式光伏电站所在建筑多为门式刚架结构，结构强度裕度有限。有害外部因素可能对结构强度造成影响，造成结构变形甚至屋顶坍塌。影响因素主要有：

① 建筑内部高温、高湿环境，腐蚀性环境，造成钢结构腐蚀，承载能力下降。

② 屋顶漏水严重，得不到有效处理导致檩条、钢梁腐蚀。

③ 厂房内部悬挂式起重机超负荷作业可能影响厂房结构稳定。

④ 超出设计的大雪、大风极端天气。

3. 高处坠落风险

① 门式刚架结构厂房屋顶通道一般为垂直钢爬梯，运维人员上下屋顶存在坠落风险。

② 分布式光伏屋顶边缘无女儿墙、或女儿墙高度低于规范要求，运维人员屋顶清洗、补漏、巡检、组件更换、故障处理等作业活动中，存在临边处高处坠落风险。

③ 彩钢瓦屋顶采光带材质强度较低，运维人员屋顶清洗、补漏、巡检、故障处理等作业活动踩踏采光带存在高处坠落风险。

4. 设备设施风险

分布式光伏的特点是容量小、分布散，一般采用无人值守模式。电站设备缺陷、故障发现和处置的及时性受到影响，设备风险相对较大。

5. 客户关系风险

① 屋顶分布式光伏电站所在屋顶漏水易产生与建筑使用者纠纷。自发自用、余电上网屋顶分布式光伏电站漏水问题可能影响项目电费回收，或发生建筑使用者阻挠运维人员正常巡检维护工作的状况。

② 自发自用、余电上网屋顶分布式光伏故障停运或送电，可能影响用户配电设备运行，导致客户停电，产生经济纠纷。

6. 触电风险

巡检、电气设备检修、试验违反安全作业规程存在触电风险。

7. 中毒窒息风险

部分开关站电缆室为受限空间，存在中毒、窒息风险。

8. 高空落物风险

屋顶彩钢瓦更换，存在高空落物风险。

9. 交通安全风险

① 分布式光伏电站分布分散，运维工作用车频率大。

② 项目多在工业园区，车辆行驶区域路况复杂，交通安全基础较差。

10. 进入电站所在建筑厂区内部其他安全风险

运维人员进入工业厂区内部后，存在厂车、叉车、拖车、货车对运维人员造成伤害的风险。

运维人员经过厂区内部物料装卸区域、起重设施、旋转机械附近存在机械伤害风险。

11. 技术措施

① 在可研设计阶段开展充分的现场调查，做好资源筛选。

② 在项目设计阶段，结合实际，落实安全设施，严格落实“三同时”要求，并做好设施的维护。

③ 建立完善安全工作规程、运行检修规程，通过现场和视频方式，加强事中监督、事后验证，保证现场安全作业规程严格落实。

12. 管理措施

① 合理规划运维管理力量。如推行“1 小时工作圈”，布置区域运维管理点，确保所有项目实现 1 小时内到达现场，及时处置设备问题和突发状况。

② 将建筑结构的目视检查纳入日常巡检和危害辨识范围内，台风、大雪天气后开展专项检查和评估。

③ 将建筑内部消防安全风险，如用电设备风险、线路老化、易燃易爆物、消防设施损坏缺失等纳入日常巡检和危害辨识范围内。

④ 加强继电保护管理，定期检查电站保护定值和自发自用用户配电设备保护定值的配合情况，杜绝越级跳闸风险。关注自发自用用户用电设备容量变化，及时沟通协调好电站、用户、电网设备保护定值设置相关问题。

⑤ 彩钢瓦更换等较大检修维护项目，应委托具有相关施工资质的单位，按照建设项目安全管理要求组织实施。严格落实承包商安全管理要求，监督做好施工过程中的安全防护措施。重点是要加强防坠落和防高空落物风险的控制措施，应考虑以下措施(不限于)：按照规范在彩钢瓦下方设置安全网。作业人员悬挂安全带。在屋顶临边部位设置防护栏杆。作业屋顶下方区域设置隔离设施。

⑥ 加强车辆管理，车辆按时检修、保养，落实出车前检查等管理要求。加强对驾驶员管理，加强交通安全的教育培训，关注驾驶员出车前精神状态，发现异常要及时制止。

⑦ 消除风险辨识死角，结合各项目实际情况，充分辨识控制进入厂区内部的安全风险，并制定控制措施。

严格遵守厂区所有者或使用者门禁管理。进入厂区内部必须佩戴安全帽、工作服。固定进入光伏生产区域路线，不允许在生产区域内随意行走。

全面辨识进场路线上的安全风险，合理规划，尽量绕开风险较大的生产区域。遇临时作业活动，及时调整避让。

三、储能装置主要安全风险

1. 设计安全风险

储能装置建造在人员密集场所、高层建筑、地下建筑、易燃易爆场所，易造成大范围火灾群死群伤事故。

2. 消防安全风险

目前存储电能包括铅酸、铅碳、锂离子电池为储能装置载体，电池发热起火或直流电缆故障产生直流拉弧，能量较大，不易熄灭。

① 储能装置箱内高温环境、线路老化、易燃易爆物品起火等原因，造成火灾。

② 储能装置箱通风散热差，电池连接松动，局部高温运行存在火灾风险。

③ 电池箱内动火作业存在火灾风险。

④ 蓄电池在充放电过程中外部遇明火、撞击、雷电短路、过充或过放等各种意外因素

有发生火灾爆炸的危险性。

⑤ 蓄电池因过压或过流导致设备温度过高，形成引燃源。

⑥ 电池电解液温度上升，换热系统故障导致设备高温运行，如通风道堵塞.风扇损坏、安装位置不当、环境温度过高或距离外界热源太近，均可能导致蓄电池系统散热不良，影响设备安全运行，引发火灾。

3. 建筑结构风险

储能装置箱一般为基础水泥浇筑预制舱多门式结构，结构强度裕度有限。地震、强台风有害外部因素可能对结构强度造成影响，产生结构变形甚至坍塌。影响因素主要有：

① 储能装置箱内部高温、高湿环境，腐蚀性环境，造成钢结构腐蚀，承载能力下降。

② 储能装置箱漏水严重得不到有效处理导致檩条、钢梁腐蚀。

③ 超出设计的大雪、大风极端天气。

4. 设备设施风险

储能装置的特点是容量小、分布散，一般采用无人值守模式。储能装置设备缺陷、故障发现和处置的及时性受到影响，设备风险相对较大。

5. 触电风险

巡检、电气设备检修、试验违反安全作业规程存在触电风险。

6. 中毒窒息风险

储能装置箱为受限空间，存在中毒、窒息风险。

7. 灼烫风险

电池泄漏，引起灼伤，电池发生火灾后，会产生剧烈反应，发生溅射，引起人员灼烫伤害。

8. 环境污染风险

电池漏液、废旧电池处置不当导致环境污染风险。

9. 交通安全风险

储能装置箱分布分散，运维工作用车频率大。

项目位置多在厂区内，车辆行驶区域路况复杂，交通安全基础较差。

10. 人员进入厂区所在建筑厂区内部其他安全风险

运维人员进入厂区内部后，存在厂车、叉车、拖车、货车对运维人员造成伤害的风险。

运维人员经过厂区内部物料装卸区域、起重设施、旋转机械附近存在机械伤害风险。

11. 技术措施

① 电池箱内温度不应超过 35 ℃，湿度不应超过 90%。

② 建议使用环境温度：0～45 ℃，充放电时温度控制范围宜在 15～30 ℃，典型值为 25 ℃。

③ 避免对电池簇大倍率充放电，单个电池簇持续充放电电流不宜超过 280A。

④ 当电池储能装置系统长时间静置不用时，每隔 6 个月对系统进行一次充放电，使系统 SOC 达到 50%～80%，补电后 SOC 需保持一致。

⑤ 久置系统首次使用前，至少满充电一次，以恢复电池性能到最佳状态。

⑥ 当电解液泄露时，应避免皮肤和眼睛接触电解液。如有接触，应使用大量的清水清洗并及时就医。

12. 管理措施

(1) 高度重视储能装置电站安全管理

① 提高思想认识。随着能源转型的不断深入，储能装置电站已成为电力系统稳定运行的重要组成部分。要坚持"人民至上、生命至上"，以高度的责任感和使命感加强储能装置电站安全管理工作，坚决遏制储能装置电站安全事故发生。

② 落实主体责任。将储能装置电站安全管理纳入企业安全管理体系，健全安全生产保证体系和监督体系，落实全员安全生产责任制，健全风险分级管控和隐患排查治理双重预防机制。

(2) 加强储能装置电站规划设计安全管理

① 加强风险评估。在储能装置电站项目规划过程中，要坚持底线思维，加强安全风险评估与论证，合理确定储能装置电站选址、布局和安全设施建设。要保障安全生产投入，确保安全设施与主体工程同时设计、同时施工、同时投入运行和使用。

② 加强设计审查。应当委托具备相应资质的设计单位开展设计工作，并组织开展设计审查。设计文件应符合有关法律法规、国家(行业)标准，安全设施的配置应满足工程施工和运行维护安全需求。要按照档案管理规定保存好全过程的档案资料。

13. 做好储能装置电站设备选型

① 严格设备把关。坚持质量第一，选用的设备及系统应当符合有关法律法规、国家(行业)标准要求，并通过具备储能装置专业检测检验资质的机构检验合格。要根据相关技术要求，优选安全、可靠、环保的产品。

② 加强到货抽检。电化学储能装置电站的电池及其管理系统等到货抽检应当委托具备储能装置专业检测检验资质的机构。抽检选样要满足批次和产品一致性抽样要求。抽检结果应当满足国家(行业)标准安全性能技术要求。

14. 严格储能装置电站施工管理

① 加强施工管理。储能装置电站建设应当依法委托具备相应资质等级的施工单位。要按照有关法律法规、国家(行业)标准保障电站安全建设投入，规范安全生产费用提取和使用。要加强施工现场管理，对重点部位、重点环节加强监控，定期组织开展施工现场消防安全检查。

② 严格施工验收。储能装置电站投产前，要组织开展工程竣工验收，应当按照国家相关规定办理工程质量监督手续，通过电站消防验收。

15. 严格储能装置电站并网验收

① 做好并网准备。开展储能装置电站并网检测应当委托具备储能装置专业检测检验资质的机构。并网验收前，要完成电站主要设备及系统的型式试验、整站调试试验和并网检测。

② 加强并网验收。电网企业要积极配合开展储能装置电站的并网和验收工作，对不符合国家（行业）并网技术标准要求的电站，杜绝“带病并网”。

16. 加强储能装置电站运行维护安全管理

① 明确委托责任。在委托运维单位进行储能装置电站运行维护时，应当明确双方的安全责任，并监督运维单位严格执行运行维护相关的各项法律法规与国家（行业）标准，履行相关安全职责。

② 强化日常管理。将储能装置电站的运行维护纳入企业安全生产日常管理，严格落实安全管理规定。要制定电站运行检修和安全操作规程，定期开展主要设备设施及系统的检查，开展电池系统健康状态的评估和检查。

③ 规范信息报送。积极配合参与储能装置电站安全监测信息平台建设，按照有关规定报送电池安全性能、电站安全运行状态、隐患排查治理、风险管控和事故事件等安全生产信息，提升电站信息化管理水平。

④ 加强人员培训。定期组织储能装置电站从业人员开展教育培训，不断提升业务技能，确保熟悉电站电池热失控、火灾特性，掌握消防设施及器材操作规程和应急处置流程。电站控制室、电池室等重点部位的工作人员应当通过专业技能培训和考核，具备消防设施及器材操作能力。

⑤ 加强退役管理。应当按照储能装置电站设计寿命、安全运行状况以及有关国家（行业）标准，规范电站、电池的退役管理。

17. 提升储能装置电站应急消防处置能力

① 落实消防责任。明确储能装置电站消防安全责任人和消防安全管理人，履行消防安全管理职责，定期进行防火检查、防火巡查和消防设备维护保养，确保消防设施处于正常工作状态。

② 开展应急演练。结合储能装置电站事故特点，组织编制应急专项预案和现场处置方案，配备专业应急处置人员和满足电站事故处置需求的应急救援装备，定期组织开展电解液泄漏处置、电池热失控、火灾等应急演练。

③ 建立联动机制。加强沟通协调，主动向本地区人民政府应急管理部门、消防救援机构报备储能装置电站应急预案，做好应急准备，与本地区人民政府有关部门建立应急联动机制。

四、安全管理模式探索

倡导采用新技术开展安全管理，应用无人机、远程监控、巡视检查、定位等技术，克服项目安全巡查难度大、效率低的困难，提高实时掌握现场安全状况的能力。

综合智慧零碳电厂运维管理模式应加强信息化建设，加强对设备运行状态的监视。应建立综合智慧零碳电厂运行监控系统，实现对电站电气设备运行参数、告警、现场图像的实时监控。采集信息应包括遥测、遥信、遥调、遥脉、遥控（必要情况下）信息，现场视频监控信息，火灾预警系统告警信息、气象监测装置信息。

1. 无人机光伏电站运维巡检

针对零碳电厂接入点点多面广的情况，日常电池板巡检工作量大，虽然光伏电站监控系统能够报告各个单元的发电情况，但很难控制到兆瓦级的光伏电站中的每个电池板，单单靠人力完成这些工作也会消耗巨大的时间成本及人力成本，依靠传统的人员巡视已经满足不了安全生产需求，探索人员定期巡检与无人机日常巡检相结合模式，是一条切实可行的管理模式。随着科技的进步，无人机的用途日趋完善，可设定无人机巡检路线，对屋顶设备定期开展红外检测，排查消除组件空载、热斑及接线盒缺陷等设备异常，及时发现设备缺陷，确保设备可靠运行。使用无人机技术进行光伏电站的运维巡检具有以下特点。

（1）成本低廉

光伏电站传统的预防性的运维方案采用派驻人员、车辆到相关的光伏电站运维点进行定期检查的方式来发现防范事故。该运维方案是费时费力费钱的方案，对于零碳电厂的运维模式高频次综合性地检查在成本上远高于使用无人机进行运维的方案。

采用无人机进行光伏电站的运维工作，能节省车辆、人员等诸多成本，并能降低派出人员到光伏电站相关运维点进行运维费用。

（2）功能强、效率高

无人机可以瞬间采集多种不同的数据，实时精确锁定故障点的地理坐标。这种多类型数据采集的能力还支持 GPS 标注、视觉成像、激光测距、脉冲雷达成像，甚至还可以对可见光波长以外的光信号进行探测。

当这种彼此相关的多维度数据源源不断地传送到控制中心，传统的运维模式和流程将获得脱胎换骨的升级，光伏系统问题的诊断和辨别效率将极大提升。另外，它还能通过模式识别和变化检测技术，提供更为经济便捷的预防性方案，全方位监控光伏站健康状况。

低空飞行并携带有高分辨率红外照相机的无人机可以清晰拍摄到光伏组件的许多问题，如龟裂、蜗牛纹、损坏、焊接缺陷等，也可以发现像污点和植被遮挡此类问题，还可以使用热成像技术来监测汇流箱、接线盒、逆变器等电气设备的温度，从而可以有效避免各种电气事故的发生。

2. 光伏场站定点多功能视频监控

人员巡视及无人机定期巡检均有时间差，做不到全天候监控，有条件的场站可建设光伏场站固定多功能视频监控，实现全天候监控，多功能视频监控有如下特点：

（1）实现 24 小时全天候监控

人员巡视及无人机巡视均无法实现全天候 24 小时覆盖，采用多功能视频监控设备，安装光伏区域，摄像头采用周期转动模式，不停歇地对所有光伏板及发电单元进行巡视，实现全天候监控。

（2）功能强、优化异常响应速度

多功能视频监控包含无人机巡视所能达到的效果，能第一时间发现异常，提供了第一时间预警，为异常处置争取了时间，进一步优化运维响应速度。

第四节　设备运维管理

一、平台设备管理

1. 服务器

服务器运维工作是指对服务器以及服务器上的各种应用软件和服务的日常维护和管理，以保持良好的服务器系统性能。服务器运维工作主要有以下内容。

① 安装和配置服务器硬件和操作系统；

② 监控服务器运行状态；

③ 检查服务器系统和应用日志，检查服务器操作能力，计划和执行定期系统更新，应用程序更新，安全检查等；

④ 升级服务器硬件，引入新技术确保服务器的安全可靠；安装与更新各类流行软件让服务器系统更新高效；

⑤ 定期备份服务器上的文件，以防止因系统损坏而导致数据丢失；

⑥ 定期对服务器日志进行分析，识别可能会对系统运行造成危害的病毒、黑客攻击，以及因错误配置而影响系统运行的原因；

⑦ 配置安全的服务策略；

⑧ 检查服务器综合布线情况，规划负载分担途径，检查冗余与备份等有效性问题。

2. 网络安全设备

(1) 安全巡检

① 对核心路由器、核心交换机网络设备配置合理性检测与分析，负载均衡与防火墙等安全设备的配置检测与分析；

② 账号安全设置、远程管理方式、多余账号和空口令检查，文件系统安全、网络服务安全、系统访问控制、日志及监控审计、病毒及恶意代码防护等定期检查。

(2) 安全加固

对操作系统和数据库系统进行安全配置加固，网络及安全设备安全加固。

(3) 应急响应

制定完善的网络安全应急响应预案，保障网络安全无忧，预防危险发生。

3. 储能设备

(1) 电池及电池管理系统(BMS)

① 设备运行编号标识、相序标识清晰可识别，出厂铭牌齐全、清晰可识别；

② 无异常烟雾、振动和声响等；

③ 电池系统主回路、二次回路各连接处连接可靠，无锈蚀、积灰、凝露等现象；

④ 电池外观完好无破损、无膨胀，无变形、漏液等现象；

⑤ 电池架的接地完好，接地扁铁无锈蚀松动现象；

⑥ 电池无短路，接地、熔断器正常；

⑦ 电池电压、温度采集线连接可靠，巡检采集单元运行正常；

⑧ 电池管理系统参数显示正常，电池电压、温度在合格范围内，无告警信号，装置指示灯显示正常。

(2) 储能变流器(PCS)

① 储能变流器柜体外观洁净，无破损，门锁齐全完好，锁牌正确；

② 储能变流器柜体设备编号、铭牌、标示齐全清晰、无损坏，开关位置正常；

③ 储能变流器柜体门关严，无受潮、凝露现象，温控装置工作正常，加热器按季节和要求正确投退；

④ 储能变流器的交、直流侧电压、电流正常；

⑤ 储能变流器运行正常，其冷却系统和不间断电源工作正常，无异常响声、冒烟、烧焦气味；

⑥ 储能变流器液晶屏显示清晰、正确，监视、指示灯、表计指示正确正常，通信正常，时钟准确，无异常告警报文；

⑦ 储能变流器室内温度正常，照明设备完好，排风系统运行正常，室内无异常气味。

(3) 消防系统

① 火灾报警控制器各指示灯显示正常，无异常报警，备用电源正常；

② 消防标识清晰完好；

③ 安全疏散指示标志清晰，消防通道畅通和安全疏散通道畅通、应急照明完好；

④ 灭火装置外观完好、压力正常，试验合格；

⑤ 消防箱消防桶、消防铲、消防斧完好、清洁，无锈蚀破损；

⑥ 火灾自动报警系统触发装置安装牢固，外观完好，工作指示灯正常；

⑦ 电缆沟内防火隔墙完好，墙体无破损，封堵严密。

(4) 冷却系统

① 冷却系统工作正常，无异响、震动，室内温湿度在设定范围内；

② 空调内，外空气过滤器(网)应清洁、完好(空调制冷)；

③ 液冷站工作正常，冷却液无渗漏、循环泵电机无异音、压力表指示在正常范围内(液冷站制冷)。

4. 光伏设备

光伏设备的维护主要是对光伏电站的相关设备进行清洁、定期检查和检测、定期维修等。具体可分为以下几个方面进行。

(1) 光伏组件及阵列的维护

① 光伏组件的清洁；

② 光伏组件的定期检查及维修；

③ 光伏组件的定期测试。

(2) 光伏阵列支架的维护

① 光伏阵列支架整体不应有变形、错位、松动；

② 受力构件、连接构件和连接螺栓不应损坏、松动、生锈，焊缝不应开焊；

③ 金属材料的防腐层应完整，不应有剥落、锈蚀现象；

④ 采取预制基座安装的光伏阵列，预制基座应保持平稳、整齐，不得移动；

⑤ 阵列支架等电位连接线应连接良好，不应有松动、锈蚀现象；

⑥ 光伏阵列应可靠接地，其各点接地电阻应不大于 4 Ω；

⑦ 检查并修复发现的其他缺陷。

（3）汇流箱的维护

① 汇流箱的定期检查和维护；

② 汇流箱的定期测试；

③ 直流和交流配电柜的定期维护。

（4）逆变器的维护

① 逆变器的定期检查和维修；

② 逆变器的定期测试；

③ 逆变器投运前的检查。

（5）变压器的维护

变压器的定期检查和维修。

（6）接地与防雷系统的维护

① 各种避雷器、引下线等应安装牢靠；

② 避雷器、引下线应完好，无断裂、锈蚀、烧毁痕迹等情况发生；

③ 避雷器、引下线各部分应连接良好；

④ 各关键设备内部浪涌保护器应符合设计要求、并处于有效状态；

⑤ 各接地线应完好；

⑥ 各接地线标识、标志应完好；

⑦ 接地电阻不应大于 4 Ω；

⑧ 接地的开挖周期不应超过 6 年。

光伏电站各关键设备的防雷装置在雷雨季节到来之前，应根据要求进行检查并对接地电阻进行测试，不符合要求时应及时处理。雷雨季节后应再次进行检查。地下防雷装置应根据土壤腐蚀情况，定期开挖检查其腐蚀程度，出现严重腐蚀情况时及时修复、更换。

（7）光伏电站监控系统的维护及定期测试

① 监控及数据传输系统的设备应保持外观完好，螺栓和密封件应齐全，操作键应接触良好，显示数字应清晰；

② 各设备内部传感器、数据采集及发送装置应完好；

③ 超出使用年限的数据传输系统中的主要部件及时更换；

④ 汇流箱相关输入与输出数据；

⑤ 交、直流配电柜相关输入与输出数据；

⑥ 逆变器相关输入与输出数据；

⑦ 环境检测仪的输出数据；

⑧ 电能计量表的采样数据。

（8）SVG 的检查与维护

SVG 启动前的检查：

① 检查控制柜、功率柜、充电柜内是否有异物，电缆接线端口螺钉是否有松动，关好功率柜、充电柜的柜门；

② 检查控制电源是否正常，正常则合上控制电源开关。合上控制柜内空气开关总电源、风机电源、直流电源、控制柜电源、充电柜电源；

③ 检查控制柜、功率柜、充电柜风机运转是否正常。

SVG 日常维护及检查：

① 检查室内温度、通风情况，注意室内温度不应超过 40 ℃；

② 保持室内卫生清洁；

③ 检查 SVG 是否有异常响声、振动及异味；

④ 检查充电柜、功率柜滤尘网是否通畅；散热风机运转是否正常；

⑤ 检查所有电力电缆、控制电缆有无损伤，电力电缆冷压端子是否松动，高压绝缘热缩管是否松动；

⑥ 每运行半年，应对变压器所有进出电缆、功率单元进出线缆紧固一次；

⑦ 长期不运行的 SVG 必须在 2 年内做一次通电测试，通电前须做耐压试验。

二、设备缺陷管理

1. 缺陷的分类

发电设备缺陷是指综合智慧能源零碳电厂发电设备、设施出现的异常运行情况和安全隐患。根据发电设备缺陷对生产的影响程度分为以下类型：一类缺陷、二类缺陷、三类缺陷、四类缺陷、开口缺陷。

① 一类设备缺陷：即紧急设备缺陷，如不及时消除或采取应急措施，短时间内可能造成发电设备非计划降出力、停运，甚至全站停电或威胁人身安全；

② 二类设备缺陷：指威胁发电设备安全、经济、稳定运行，影响设备正常出力或正常参数运行，属于难度较大，不能在短时间内消除，必须通过技术改造等措施，在设备检修期间消除的缺陷；

③ 三类设备缺陷：指系统无备用设备，需倒换系统运行或停运设备后在短时间内可以消除的缺陷。该类缺陷不影响设备出力和正常参数运行，是设备正常运行的隐患；

④ 四类设备缺陷：指主、辅设备及公用系统设备发生的一般性质缺陷，在设备运行中可以消除，消除时不影响设备出力。属于随时可以消除的缺陷；

⑤ 开口缺陷：是指因备件、运行方式或其他原因暂时无法消除的缺陷。

2. 发电设备缺陷管理程序

场站巡视人员发现发电设备缺陷后，应及时汇报场站负责人及值班人员，填写上报缺陷通知单，并录入生产实时智慧管理系统。一、二类缺陷应及时通知部门负责人并根据情况汇报生产主管领导或总工程师。

① 填写设备缺陷通知单时应按规范填写(如设备名称、缺陷情况、缺陷发现人、缺陷类别、发现时间等相关内容栏),内容应准确、翔实;

② 消缺人员接到消缺通知后应立即到现场进行检查设备缺陷情况,提出处理意见。一、二类缺陷应及时通知相关部门负责人,并积极采取安全措施,防止事态扩大;

③ 场站负责人制定设备消缺方案及安全措施,批准实施后方可允许消缺工作进行;

④ 缺陷处理完毕后,消缺人员应及时向场站负责人、运维负责人汇报消缺情况,并在生产实时智慧管理系统中填写相关内容(如处理情况、消耗材料等);

⑤ 现场运维人员负责缺陷处理后的检查、验收,对检修效果不好的缺陷要求消缺人员继续处理,直至达到要求。消缺验收合格后,现场运维人员要通知监控值班人员进行闭环。凡未及时验收、闭环的缺陷,均按未处理对待;

⑥ 值班人员应将缺陷及处理情况记录在值班日志中;

⑦ 设备消缺过程中须严格执行安全规程及相关管理规定;

⑧ 因运行方式、备件或其他原因暂时无法消除的发电设备缺陷,由设备主管部门说明开口原因,详细记录,择机消除。

3. 发电设备消缺时间规定

为尽快恢复发电设备健康运行状态,判断设备缺陷管理水平,根据新能源发电设备的性质和场站分布情况,限定各类缺陷的消除时间如下。

① 一类设备缺陷,立即组织处理;

② 二类设备缺陷,具备消缺条件后 24 小时内消除;

③ 三、四类设备缺陷,具备消缺条件后 48 小时内消除。若不具备消缺条件由部门负责人根据实际情况确定消缺时间;

④ 上述时限包含办理工作票和运行隔离措施的时间,未在规定时限内消除缺陷属于消缺不及时。

4. 发电设备消缺验收规定

① 缺陷消除后,检修人员应通知运维人员进行现场验收;

② 试运行合格的设备方可交付监控运行。消缺设备试运行不合格视为消缺未完成,检修人员须重新消缺。

5. 发电设备缺陷分析

① 发电设备主管部门应对自己管辖范围内的发电设备缺陷进行主动分析,不论缺陷大小,都应切实掌握缺陷发生的原因和预防措施;

② 对构成安全事件的缺陷,根据相关规定进行调查分析。

6. 发电设备缺陷统计及考核

① 各电站负责人应按月将设备缺陷发生、消除、重复消缺、积存缺陷等情况进行汇总分析,并计算出设备缺陷消除率及积存缺陷和重复消缺数量、原因、处理和考核意见,于每月最后一个工作日前报部门统计人员汇总;

② 对于跨月缺陷,在下个月进行统计,但在缺陷分析统计时应注明跨月缺陷;

③ 凡因检查不认真未能及时发现缺陷、无特殊原因未及时消除、重复性消缺，导致缺陷扩大、造成人身事故或设备损坏、主设备停止运行，者的加重考核。

三、技术监督管理

1. 管理原则

① 技术监督是保证发供电设备安全经济运行、提高企业经济效益的重要工作和有效手段。技术监督贯穿了电力建设、生产的全过程，涉及所有技术专业，是企业技术管理的基础；

② 技术监督是指“绝缘、继电保护、电测、电能质量、节能、金属、化学、监控自动化、光伏组件、逆变器、环保”等十三项监督。技术监督工作坚持贯彻“安全第一，预防为主”的方针，严格执行上级所颁布的有关规程、规定、制度、办法、条例、标准和技术措施。

2. 组织机构及管理职责

综合智慧零碳电厂成立由生产主管领导或总工程师任组长的技术监督工作领导小组。领导小组下设技术监督工作小组，具体负责技术监督管理的日常工作。

（1）综合智慧零碳电厂技术监督领导小组主要职责

① 贯彻执行国家及电力行业有关技术监督的方针、政策、法规、标准、规程、制度；审定厂内技术监督工作的标准、制度、实施细则、技术措施、年度监督指标、年度监督工作计划；协调监督过程中的重大问题并作出决策；

② 每年召开两次领导小组会议，听取技术监督工作小组的工作汇报；商讨和决定有关技术监督工作的重大问题；

③ 定期对技术监督工作进行检查、督促、指导；对监督工作中作出贡献的部门和个人进行奖励，对失职而造成对安全生产构成威胁或事故的予以惩罚；

④ 根据国家、行业有关标准的要求以及实际工作的需要，组织落实技术监督必配的试验设备、仪器，以及开展技术培训、考核等活动的所需经费。

（2）技术监督工作小组职责

① 贯彻上级有关技术监督的方针政策、标准、规则等，并制定实施细则和其他有关技术措施；

② 负责电力生产全过程的技术监督；

③ 负责对技术监督人员的培训、考核；

④ 对违反技术监督规定而造成的重大设备事故进行调查分析与处理，制定反事故技术措施，组织解决疑难技术问题；

⑤ 组织技术监督工作的验收和先进技术的交流。

（3）技术监督专业负责人职责

① 贯彻执行各级技术监督标准、制度，并进行督促和检查。负责相应专业技术监督的管理，结合综合智慧零碳电厂的实际，编制技术监督实施细则或补充规定，并经常督促检查监督网的实施情况；

② 掌握监督设备的技术情况，建立健全设备的技术监督档案；

③ 对本专业监督所管辖设备的监测、维护、检修进行质量监督，审核主要设备测试报告，根据设备历年的测试资料进行综合分析判断。对测试方法和数据有怀疑时，有权提出复测和处理意见，并将意见及时向有关领导汇报；

④ 认真、严肃行使监督职权，对质量不合格的产品、设备、材料或信誉不佳企业的产品进入公司有否决权；对各部门的监督指标考核、评比有决定权；对违章操作及超标运行有考核建议权；

⑤ 按时完成技术监督报表、技术分析、监督工作总结。按监督工作程序编制专业监督工作的年度计划、监督任务书等；

⑥ 会同有关部门有计划地加强技术监督网络人员技术素质和管理素质培训和持证上岗培训。

3. 技术监督管理工作内容

① 绝缘监督：包括变压器、互感器、高压开关设备、气体绝缘金属封闭开关设备(GIS)、无功补偿装置、氧化物避雷器、设备外绝缘防污闪、接地装置、电力电缆、架空线路、母线、光伏组件、汇流箱、逆变器，另外绝缘监督人员作业时应使用满足安全要求的防护设备及工具，绝缘监督试验设备应完好，相关仪表校验需在有效期内，另外针对异常问题应组织或参与事故分析工作，制定反事故措施，并做好统计上报工作；

② 继电保护监督：包括继电保护运行阶段的监督、继电保护装置检验周期及内容、继电保护现场检验技术监督、继电保护定值和程序管理技术监督、继电保护监督技术文件；

③ 电测计量监督：包括电能表、互感器、电量变送器、测量系统二次回路、电测计量装置和电工测量仪器、仪表等；

④ 电能质量监督：包括频率偏差、频率合格率、电压偏差、波动和闪变、三项不平衡和正弦波形畸变率、电能质量合格率等；

⑤ 节能监督：包括线路电能量损失、变电设备电能量损失等，根据电站实际情况进行测试；

⑥ 金属监督：金属材料部件在承压、交变应力下长期运行的变化规律。机械性能试验、无损探伤、焊缝检验。金属材料的腐蚀、性能变化、寿命评估、缺陷分析、焊接材料和工艺等；

⑦ 化学监督：变压器、风机等电力设备用油的使用管理、质量检验等；

⑧ 监控自动化监督：数据采集与监控系统、发电厂、变电站远动设备、通信工作站、相量测量装置、信息网络、网络服务、应用系统、信息安全系统、存储与备份系统、终端用户计算机设备等；

⑨ 光伏组件技术监督：包括组件效率、组件功率衰降、组件运行及试验监督等；

⑩ 逆变器技术监督：包括逆变器效率、逆变器运行及试验监督等；

⑪ 环保技术监督：包括光伏电站水土保持影响等。

4. 技术监督管理工作要求

① 认真执行技术监督有关标准、技术规程、条例和反事故措施；

② 对技术监督进行全过程监督管理。坚持以质量为中心、标准为依据、计量为手段，

较全面地完成监督管理工作；

③ 认真执行工作票制度，试验结束及时报告，技术监督部门应及时审查试验报告；

④ 结合检修工作计划定出检修试验计划，根据试验报告及缺陷、检修总结等制订处理方案。并及时安排计划，消除缺陷。主要设备损坏，应及时上报主管部门。

⑤ 对在技术监督工作中做出贡献的部门或人员给予表扬和奖励。

⑥ 生产建设全过程技术档案要求：

设备制造、安装、调试、运行、检修、技术改造等全过程质量管理的技术资料应完整和连续，并与实际相符；

电力生产建设全过程技术监督的全部资料原始档案资料，设备主管部门应妥善保管。

⑦ 综合智慧零碳电厂技术监督负责人在12月上旬完成本年度的技术监督工作总结并交综合智慧零碳电厂技术监督领导小组，经综合智慧零碳电厂技术监督领导小组组长批准，报上级技术监督归口管理部门。综合智慧零碳电厂各项技术监督总结应在次年的元月15日前报上级技术监督归口管理部门。

⑧ 加强技术档案管理。技术档案的收集、整理、归档应及时、正确、完整、实用，技术档案应包括设备制造、安装、调试、运行、检修、预试及改造等全过程管理的技术资料。要逐步实现技术档案的计算机动态管理。

四、可靠性管理

1. 管理内容

① 运维负责人负责每月5日前将上月发电设备可靠性数据报表报到安全生产部，每季首月10日前将上季输变电数据报上级安全生产部；

② 值班人员对主要设备的各类启、停操作做好记录，每月末由可靠性管理专责进行汇总；

③ 运维负责人每季对发电设备可靠性数据进行分析，重点分析非计划停运、降出力事件及非计划检修情况，找出影响发电可靠性指标的因素，对有规律性和频发性事件要写出结论性的分析报告；

④ 通过综合分析，对设备存在的突出问题，部门运行分析人员进行深入分析，采取相应措施，并检查整改措施落实情况；

⑤ 建立设备可靠性管理台账，包括：设备基础数据报表、可靠性管理分析报表等。

⑥ 完整保存有关可靠性管理文件及规程。

⑦ 认真备份历年发电设备可靠性数据，并妥善保存。

2. 管理要求

① 外委运维负责人应掌握发电设备可靠性评价有关规定，熟悉设备可靠性理论知识及发电可靠性评价规程、输变电可靠性评价规程，掌握设备可靠性各项指标的计算公式，熟悉电脑操作及可靠性应用软件的使用；

② 外委运维负责人应经常深入场站了解设备运行情况，根据需要参加安全例会、事故分析会和有关专业会议；

③ 外委运维负责人应严格按照设备可靠性管理的有关规定和要求，认真填报设备原始数据，做到时间准、原因清、编码齐、数据全；

④ 设备可靠性统计数据经安全生产部审核、公司领导批准后上报；

⑤ 外委运维负责人每月对设备可靠性数据进行分析，找出影响设备可靠性指标的因素，对有规律性和频发性时间做出结论性分析，并提出提高设备可靠性的建议和对策，为领导决策提供依据；

⑥ 外委运维负责人应经常深入场站了解设备运行情况，根据需要参加安全例会、事故分析会和有关专业会议；

⑦ 外委运维负责人应严格按照设备可靠性管理的有关规定和要求，认真填报设备原始数据，做到时间准、原因清、编码齐、数据全；

⑧ 设备可靠性统计数据经安全生产部审核、公司领导批准后上报；

⑨ 外委运维负责人每月对设备可靠性数据进行分析，找出影响设备可靠性指标的因素，对有规律性和频发性时间做出结论性分析，并提出提高设备可靠性的建议和对策，为领导决策提供依据。

第五章　综合智慧零碳电厂的技术指标与案例

本章提出综合智慧零碳电厂的主要技术指标，包括并网技术指标 5 项，综合能力指标 5 项。

第一节　并网技术指标

以下给出了综合智慧零碳电厂的 5 项并网技术指标的定义，需根据电厂聚合的具体场景、智慧系统的配置及不同区域电网的具体要求等予以确定。

1. 发电容量

发电容量指综合智慧零碳电厂实时发电出力。

2. 响应时长

响应时长指综合智慧零碳电厂接到调度指令至做出正确响应的时间，要求调节出力应与指令调节方向一致，且可在规定时间内跨出调节死区。

3. 响应时间

响应时间指综合智慧零碳电厂接到调度指令至做出正确响应的时间，要求调节出力应与指令调节方向一致，且可在规定时间内跨出调节死区。

4. 调节速率

调节速率指根据电网要求，综合智慧零碳电厂进行调节的速率，可以单位时间内调节容量的百分数表征。

5. 调节精度

调节精度指综合智慧零碳电厂在规定时间内进行调节的计算偏差率。

第二节　综合能力指标与案例

1. 绿电装机容量

绿电装机容量指综合智慧零碳电厂建设的光伏、风电、生物质(含垃圾)等非可再生发电装机总容量。

2. 顶峰能力

顶峰能力指在电网峰值负荷时段可给电网贡献的顶峰能力。计算公式如下：

顶峰能力＝储能容量＋灵活性负荷容量＋光伏容量×k_1＋风电容量×k_2＋生物质×k_3

式中：k_1 为光伏出力系数；k_2 为风电出力系数；k_3 为生物质发电出力系数。

算例：以某综合智慧零碳电厂为例建设新型储能 400 MW、光伏 2 189 MW、风电 500 MW；挖掘灵活性负荷 100 MW；电网午高峰 13:00 左右、晚高峰 20:00 左右，峰值差距不明显。

(1) 晚高峰时段顶峰能力：

$$400+100+2\,189\times0+500\times10\%=55\ \text{MW}$$

(根据该区域新能源场站出力特性，该时段光伏无出力、风电出力系数取 10%)

(2) 午高峰时段顶峰能力：

$$400+100+2\,189\times35\%+500\times5\%=1\,300\ \text{MW}$$

(根据该区域新能源场站出力特性，该时段光伏出力系数取 35%、风电出力系数取 5%)

3. 调峰能力

调峰能力指电网需要调峰时，综合智慧零碳电厂可给电网贡献的调节容量。计算公式如下：

调峰能力＝储能容量×2＋生物质发电×$(1-k_1)$＋灵活性负荷容量

注：① 储能设备具备从满功率放电快速切换至满功率充电状态的能力，调峰能力按储能电站安装容量的双倍计算；② k_1 为生物质发电机组的最低稳燃负荷系数。

算例：以某综合智慧零碳电厂(建设规模，光伏 4 000 MW、储能 800 MW；挖掘灵活性负荷 200 MW；电网负荷晚高峰明显)为例。

储能可调节容量为－800 MW～＋800 MW，灵活性负荷 200 MW，

即调峰能力：800×2＋200＝1 800 MW。

4. 调频可调度容量

电网需要调频时，综合智慧零碳电厂可给电网贡献的调节容量。计算公式如下：

调频可调度容量＝储能容量×2＋生物质发电×$(1-k_1)$

注：① 化学储能具备毫秒级响应能力，可以满足电网调频要求；储能设备具备从满功率放电快速切换至满功率充电状态的能力，调频可调度容量按储能电站安装容量的双倍计算；② k_1 为生物质发电机组的最低稳燃负荷系数；③ 灵活性负荷响应速度较慢，不能满足电网调频要求，不予统计。

算例：以某综合智慧零碳电厂（建设规模，光伏 4 000 MW、储能 800 MW；挖掘灵活性负荷 200 MW）为例。

调频可调度容量＝800×2＝1 600 MW。

5. 丰富电网

化学储能具有独特的有功无功四象限调节能力、毫秒级响应能力、调节精度高、应用灵活等特点，可根据需求丰富电网调压手段。

第六章　商业模式与实践

第一节　国内外典型虚拟电厂商业模式分析

一、国内典型商业模式分析

目前我国虚拟电厂总体处于试点示范阶段。开展虚拟电厂试点最具特色的地区包括上海、河北、广东、山东等。河北主要参与华北辅助服务市场为主，深圳主要以点对点的项目测试为主并成立了国内首家虚拟电厂管理中心，上海主要以聚合商业楼宇空调资源为主，开展虚拟电厂试点，山东、浙江等试点项目目标是开展现货、备用和辅助服务市场三个品种交易、完成现货和需求响应的衔接。

1. 冀北示范项目

冀北示范项目是中国首个虚拟电厂落地项目，于2019年投运，建设投资约为3 000万元。该项目为负荷型、市场型VPP，可调节分布式光伏、空气源热泵、工业大负荷、智能楼宇、智能家居、储能、电动车充电桩等11类可调资源，总容量160 MW。盈利模式主要为面向区域辅助服务市场，并向用户提供节能等商业服务。2021年实现的运营商和用户收益约为600余万元。

2. 国家电投深圳项目

国家电投深圳能源发展有限公司的虚拟电厂平台于2022年投运，是负荷型、市场型VPP。该项目采用“虚拟电厂＋电力现货”模式，能够精准预测电力现货市场价格，并根据价格信号自动调节用户可控负荷，在将用户负荷从现货高价转移至现货低价时段，从而提高售电公司的电力现货盈利，获得平均度电收益0.274元，实现了电网、用户、售电公司和虚拟电厂运营方的多方共赢。

3. 华北国网综能项目

华北国网综能项目于2020年投运，为负荷型、市场型VPP，聚合分布式电源、可控负荷和储能约20万千瓦。目前主要盈利模式为参与华北电力辅助服务市场获得市场化收益。

目前，国内的示范项目聚合的资源集中在负荷侧，主要由政府指导、电网及发电集团实施项目开发，以专项资金、特定合同的形式实现商业运营。电网公司通过示范项目获得额外灵活调节资源的收益；技术开发商实现技术累积、市场份额和销售收入；用户参与电网公司邀约，获取相应响应补贴。

二、国外典型商业模式分析

基于“市场驱动＋独立运营”的理念，全球多国纷纷对虚拟电厂进行探索应用，目前欧洲、美国已实施了相关项目。欧洲和美国电力现货市场/辅助服务市场已比较成熟，虚拟电厂已完全实现商业化。欧洲国家以聚合分布式电源为主，美国以可控负荷为主。下面选取德国和美国的典型案例，研究海外成熟虚拟电厂的商业模式。

1. 德国 NextKraftwerke 商业模式

政策环境：电网公司允许虚拟电厂参与系统平衡调节。相关条例允许参与需求响应。

商业框架：NextKraftwerke 是德国的大型虚拟电厂运营商，同时也是欧洲电力交易市场认证的能源交易商，参与能源的现货市场交易。公司涉及虚拟电厂业务，涵盖数据采集、电力交易、电力销售、用户结算等全链条，同时也可为其他能源运营商提供虚拟电厂运营服务。NextKraftwerke 公司员工仅有约 150 人，实现销售收入 3.82 亿欧元，交易电量 140 GW・h，并占据了德国二次调频市场 10％的份额。盈利途径是 NextKraftwerke 公司强大的资源聚合能力，不同的客户资源各有其特点，虚拟电厂通过市场、技术手段并用，查缺补漏、优势互补，既提供了量上的整合，又实现了质上的提升，实现了分布式能源拥有方、虚拟电厂运营方、电网方的三方共赢。其盈利的商业模式主要包括以下三类。

一是面向发电侧进行能源聚合，将风电、光伏等零或低边际成本的发电资源整合参与电力市场交易。Lichtenegg 公司是奥地利南部一家新能源企业，拥有 1.8 MW 风力发电机，NextKraftwerke 向其提供虚拟电厂的辅助交易功能，辅助其在现货市场的日常交易中出售 20％的电力，而 20％的电力占据了发电量 60％～70％的总收入。NextKraftwerke 公司从辅助可再生能源发电厂进行现货交易中获得分成收入。

二是面向电网侧进行灵活性储能供应，实现低谷用电，高峰售电。0BO 公司是德国西部鲁尔地区的一家高新电子企业。NextKraftwerke 公司为 0BO 公司安装了两台紧急备用发电机。当电网频率发生过度偏移时，NextKraftwerke 虚拟电厂的控制系统将激活这两台设备，向电网输送提供高达 500 kW 的电力。NextKraftwerke 公司从虚拟电厂解决方案和激活中获得的利润中分成。

三是面向需求侧的需求响应，参与电网的辅助服务，获取收益。Next Kraftwerke 公司帮助德国西部多特蒙德市临床中心更高效地利用其备用发电机，通过将可调度的备用发电机联网到 Nextkraftwerke 虚拟电厂中，该诊所可以提供 400 kW 的电能，并利用辅助服务来获取利润，NextKraftwerke 公司则从诊所获得的利润中分成。

实施成效：一是实现聚合资源参与平衡调节，增加商机和盈利空间。二是解决新增分布式电源的并网和参与市场交易的问题。三是引领欧洲虚拟电厂技术发展。

2. 美国 Tesla 商业模式

政策环境：美国联邦政府对于电力市场的监管相对缺乏，长期私有化；美国七大独立调度机构（包括 PJM、MISO、ERCOT、SPP、CAISO、NYISO 和 ISO-NE）负责调、发电、输电规划及系统的运行安全和发电端—输配电端（批发市场）、输配电端—零售端（零售市场）市场运行的管辖。ISO（独立调度机构）的成立打破了公共事业企业对发电—输配电环节的垄断，允许各独立储电主体参与到与输配电网的交易中，进而催生了虚拟电厂的需求。现美国虚拟电厂计划由公共事业公司或能源零售商承担运营职能。

商业框架：美国企业 Tesla 开发出 Powerwall 系统，可以管理包括家用储能、光伏以及负荷等资源，在发电、储能、用电资源的聚合上有得天独厚的优势。Tesla 与公共事业公司和电力零售商先后开展了虚拟电厂项目。通过这些项目合作，Powerwall 扩大了系统的安装量，电力零售商获取了分布式电源的部分使用权，实现了聚合需求侧的资源以及虚拟电厂的商业化扩张。其盈利的商业模式主要包括两类：

一是提供 Powerwall 优惠，获取业主电力的部分使用权。2017 年，Tesla 与佛蒙特州公用事业公司 GreenMountainPower 开展合作，GreenMountainPower 作为 Powerwall 的渠道销售商，给业主提供 Powerwall 折扣价：业主可以选择优惠价格获得 Powerwall 产品，但需要放弃一部分电池控制权，允许电力公司使用设备中储存的部分能量对电力系统进行削峰填谷，通过聚合家用储能资源，参与调频市场、动态容量供应市场和交易电力批发市场并获取利益。

二是提供售电服务，公共事业公司借助 Powerwall 向用户直接购买电力。2022 年，Tesla 与加州公用事业公司 PG&E 开展合作，拥有 Powerwall 的 PG&E 用户可以自愿通过 Tesla 应用程序注册加入虚拟电厂项目。所有参与计划的 Powerwall 所有者在电网面临巨大压力的紧急情况下，每向电网提供一度电即可获得 2 美元收益，远高于加州平均住宅电价 25 美分/度电。加州夏天气温极高，各类场所对空调制冷的需求增加，常对电网造成过量负荷，夏日野火也可能导致断电，该虚拟电厂有效帮助加州解决夏季电力供应紧张的情况。聚合的廉价绿色能源可以有效替代原本使用的昂贵燃气火电，进而为虚拟电厂赚取差价收益。

实施成效：一是解决小型分布式发电机不能参与电力市场问题，为居民创收；二是增加电网可调资源，提供备用电源，降低停电概率；三是通过小件高峰负荷，延缓了配电网投资需求；四是为配网和用户提供备用电源。

海外市场虚拟电厂实现盈利主要基于以下几个方面。一是参与主体多元化，允许发电侧、电网侧、用电侧等参与，获得叠加收益。二是明确准入标准和各方权责，颁布法令虚拟电厂成为竞标实体参与市场，为虚拟电厂参与二次平衡机制单元做详细定义。三是配套激励政策，简化审批流程、修改调整相关并网导则、提出储能投资激励等。四是完善管理机制，由发电企业、售电公司、独立运营商针对所聚合的资源进行统一协调和管理。五是发挥资源聚合效益和多元化商业模式，保障营业收入较快增速。

第二节　综合智慧零碳电厂商业模式分析

通过对江苏、广东等地已有的虚拟电厂示范项目商业模式进行分析，目前的示范项目主要运营模式是在能源保供时期，参与电网需求侧响应服务。其与聚合负荷、分布式电源、储能等资源的关联不紧密，能源绿色价值、产业生态价值、流量价值以及三网融合价值等有待于进一步挖掘。

针对以上问题，商业模式创新中心结合集团公司在综合智慧能源管控系统、分布式新能源及储能方面的领先优势，以及三网融合的战略布局，对综合智慧零碳电厂的商业模式进行了创新，向产业链上下游延伸，挖掘数据价值、流量价值与产业生态价值，创新综合智慧零碳电厂收益模式。

综合智慧零碳电厂的智慧系统主要通过对负荷进行调度灵活性资源提供需求响应服务获取补贴收益，以及通过优化签约用户的用电计划，节省用户电费，获取溢价分成。综合智慧零碳电厂的储能系统通过电力交易市场或辅助服务(调频、备用等)实现收益递增。综合智慧零碳电厂的分布式新能源通过向内部负荷开展绿电的销售及电量结算获取绿电收益。在这些收益基础上，综合智慧零碳电厂还可依托三网融合项目落地中流量数据变现、产业生态增收等扩宽收益模式。

一、电网需求响应及用户节能管控收益

1. 商业模式说明

综合智慧零碳电厂的智慧管控系统是一个通过绑定具备负荷调节能力的用户(包括可调节负荷、可中断负荷等)，利用控制系统进行统一协调并响应电网调度的数字化平台。其主要的获利方式为电网需求响应收益及用户节能管控收益。

① 电网需求响应收益。在电网高负荷运行期间，用户侧可暂时挂起电能使用需求，帮助电网侧减少用电负荷，以获取需求响应收益。

② 节能管控收益。可通过节能设备优化用户侧用能方式，以实现减少用能成本支出和高效储能的目的。

2. 案例分析

以上海黄浦商业建筑项目为例，该项目实现了物联网通信＋互联网聚合＋人工智能调度＋智慧楼宇控制，精准有效管理黄浦区 130 栋接入楼宇，容量 5.96 万千瓦，超过区域总负荷 15%。对该项目以年优化管理 100 h 用电测算，每栋建筑可节约 3 万～4 万千瓦时的电能消耗，百幢建筑可节标煤约 1 000 吨，减排二氧化碳 2 700 吨，并获得相应政府建立资金池开展削峰填谷等需求响应的收益，2021 年累计调度 27.8 万千瓦，平均削峰价格 2.4 元/千瓦时，填谷价格 0.96 元/千瓦时。

未来，通过部署天枢系统加强客户需求分析和电价预测等方面的能力，开展用户电力设备能耗优化，进一步提升了节能减排效果，特别是可有效增强综合智慧零碳电厂调控负荷的能力，在需求响应收益基础上，获取了用户节能管控溢价分成的利润增长点。

二、电网辅助服务、现货交易及用户侧峰谷套利收益

1. 商业模式说明

综合智慧零碳电厂通过聚合了用户侧可控负荷与储能系统，具备了调峰调频辅助服务能力，进一步支撑电网可靠稳定运行。从项目经济性看，配置储能的综合智慧零碳电厂增加了项目投资，但储能全年参与能源保供的时间短、收益不稳定，需要扩展日常运营的收益模式，面向电网和工商业用户等提供更多服务，提高设备利用率，提升储能项目的盈利水平。

储能作为重要的灵活性调节资源，与可调负荷一体化聚合，随着市场机制的不断完

善，丰富了综合智慧零碳电厂的收益来源。综合智慧零碳电厂在获取电网需求响应收益和节能管控收益基础上，拓展了以下三个收益模式。

① 电网辅助服务收益。为维持电力系统安全稳定运行，保证电能质量，促进清洁能源消纳，储能能够响应电力调度指令，提供调峰调频服务，通过稳定电网电能质量获取收益。

② 现货交易收益。参与电力现货市场交易，充电时作为市场用户，从电力现货市场购电；放电时为发电企业，在电力现货市场进行售电。通过低价买电，高价卖电获得电能量收益。

③ 用户侧峰谷套利收益。通过晚上电网低谷时期为储能设备充电，白天用电高峰时放电，来达到节约用电成本、峰谷套利的目的。

2. 案例分析

以用户侧峰谷套利为主要收益的某工商业 9 MW/18 MW·h 储能项目为例，储能电池系统成本 1 200 元/千瓦时，电站成本（含土建及功率转换成本）2 000 元/千瓦时，放电深度 85%，系统能量效率 85%，充放电次数 2 次/天。以内部收益率 9%为经济性边界，平均峰谷价差在 0.682 元/千瓦时以上时，配备储能初具经济性。同时，在能源保供时期，用户侧储能可作为综合智慧零碳电厂的聚合资源，参与电网需求响应、削峰填谷，获得电力辅助服务收益，拓展项目收益方式。

以电网辅助服务收益为主要收益的国家电投海阳 100 MW/200 MW·h 储能电站项目为例，该项目主要参与山东电网调峰辅助服务和新能源储能租赁。项目建设 100 MW/20 MW·h 电化学储能装置，电站利用率不低于 90%，交流侧效率不低于 85%，放电深度不低于 90%，连续充电时间不低于 2 h，年利用小时数（充电）原则上不低于 1 000 小时，项目总投资约 4.38 亿元人民币。根据山东省出台的储能示范项目（100 MW/200 MW·h）收益政策规定，本项目属于独立储能项目，其盈利商业模式如下：

① 调峰收益：年调峰利用小时数为 1 000 h，调峰收益标准为 200 元/MW·h（含税）。

② 储能租赁收益：本项目可为新能源电站提供租赁服务，满足其并网要求。年租赁收益标准为 330 元/千瓦（含税）。

③ 计划电量奖励收益：按照该储能项目充电 1 千瓦时可获得 1.6 千瓦时计划电量收益，计划电量收益标准为 0.10 元/千瓦时（不含税）。

④ 电力现货交易收益：以自调度模式参与电力现货市场，电价低谷时段，以最便宜电价买电，存储备用；电价峰值时段，参与电网削峰填谷，高价卖电。储能电站低买高卖，赚取峰谷差价、力促新能源消纳、优化电网系统。

综上所述，当计算期内调峰收益标准为 200 元/MW·h（含税），租赁收益标准 330 元/千瓦（含税），计划电量收益标准 0.10 元/千瓦时（不含税）时，项目资本金财务内部收益率 10.71%。在电网存在电力缺口条件下，项目进一步提供顶峰运行电力，获得调频、需求响应等方面的收入，提升项目盈利能力。

三、绿电直供及三网融合收益

1. 商业模式说明

在配套储能基础上，综合智慧零碳电厂将分布式新能源、电动车 V2G、生物质、热泵等各种资源进行聚合。以数字化手段形成资源池，综合智慧零碳电厂对电网和用户的综合服务能力得以提升，商业模式进一步丰富。

分布式新能源通常为中小型模块化设备，具有投资规模小、建设周期短、维护费用低的特点。分布式新能源本身具有较好的获利能力，一般收益率可达10%以上，同时接入一定比例分布式新能源，可进一步提升综合智慧零碳电厂的调节容量和顶峰能力，有效补充电量缺口。从项目经济性看，配置分布式新能源的综合智慧零碳电厂可参与电力现货市场售电，提供向客户提供绿电直购、绿证交易等业务。

2. 案例分析

绿电直供是针对有清洁低碳用电诉求、用电稳定性要求高的大用户，由集团公司统筹对接内部绿电资源，协调发电厂（清洁能源场站）与大用户之间签订中长期绿色购电协议，协定购电量和购电价格，为新能源开发项目增加电费收入；同时，在开发分布式新能源项目的过程中，大用户作为综合智慧零碳电厂的负荷端，可增加调控负荷的能力。

以中国电能拟开展合作的承德某钢铁行业大用户为例，该用户年用电量2亿度，厂内屋顶空地总面积5万平方米，能建设5 MW光伏发电，应用绿电直供、加入综合智慧零碳电厂后，电费从上网价格0.37元/千瓦时，提升到0.62元/千瓦时（约为厂区用电九折），提高了项目整体收益，同时钢厂的用户可在此过程中作为可控负荷，在能源保供的条件下，提高可调容量，开展需求响应，新能源电站项目整体资本金内部收益率（IRR）可增加至17%左右。

未来，综合智慧零碳电厂与三网融合，如设施农业、二轮车、装光伏送家电等业务充分协同，通过聚合三网融合项目中的可调负荷和储能系统，将进一步增加综合智慧零碳电厂在用户节能管控、用户侧峰谷套利等收益，并通过用户流量价值变现获取三网融合增量收益。

第三节　国内实践情况介绍

一、江苏模式

1. 实施背景

近年来，江苏省电网负荷峰谷差不断增大，现约为4 000万千瓦，每年达到用电最高负荷95%以上的持续时间不到55 h，在该情况下如果按照完全满足短时高峰用电需求来投入电源、电网资源的规划建设，对全社会来讲，是一种极大的浪费。为此，江苏省发展改革委员会同江苏省电力公司引入需求侧响应能源战略管理模式，运用市场化方式激励和引导用户主动削减尖峰负荷，强化需求侧管理，已取得显著成效。

2. 实施概况

2015年，江苏在全国率先出台了季节性尖峰电价政策，明确所有尖峰电价增收资金用于需求响应激励，构建了需求响应激励资金池，为江苏地区需求响应快速发展奠定基础;同年,江苏省经济和信息化委员会、江苏省物价局出台了《江苏省电力需求响应实施细则》,明确了需求响应申报、邀约、响应、评估、兑现等业务流程。根据历年来实践经验和市场主体的意见,江苏省电力公司会同相关主管部门不断优化激励模式和价格机制,按照响应负荷容量、速率、时长明确差异化激励标准。首创"填谷"响应自主竞价机制,实现用电负荷双向调节,资源主体参照标杆价格向下竞价出清,有效促进资源优化配置,提升了清洁能源消纳水平。2016 年,江苏省开展了全球单次规模最大的需求响应,削减负荷 352 万千瓦。2019 年,再次刷新纪录,削峰规模达到 402 万千瓦。削峰能力基本达到最高负荷的 3%~5%。为促进新能源消纳,2018 年以来在国庆、春节负荷低谷时段创新开展填谷需求响应,最大规模 257 万千瓦,共计促进新能源消纳 3.38 亿千瓦时。

这些年江苏省需求响应参与覆盖面不断扩大。从 2015 工业企业参与需求响应开始,逐步引入楼宇空调负荷、居民家电负荷、储能、充电桩负荷等,不断汇聚各类可中断负荷资源。截至目前,已经累计汇聚 3 309 幢楼宇空调负荷,最大可控超过 30 千瓦,与海尔、美的等家电厂商合作,依托家电厂商云平台对居民空调、热水器等负荷进行实时调控。2020 年,首次开展 5 户客户侧储能负荷参与实时需求响应,与万邦合作,首次将江苏地区 1 万余台充电桩负荷纳入需求响应资源池。截至目前,江苏地区累计实施响应 18 次,累计响应负荷量达到 2 369 万千瓦,实践规数、种等方面均位居国内前列。

二、上海模式

1. 实施背景

近年上海市用电负荷波动性强,且随着市外可再生能源大规模馈入,上海电网调峰压力持续增加。2017 年上海统调最大用电峰谷差已达 13 GW,且需求侧负荷的波动性大,商业、工业以及居民生活中的夏季供冷用电需求占到最高负荷的 40%~45%。

外来电规模日益增大和可再生能源优先消纳趋势带来本地电网调度运行和管理压力。上海目前不参加调峰的市外来电负荷达 1 000 万千瓦~1 100 万千瓦,占全市最高负荷比重大于 50%的时间超过 6 个月。市外大规模清洁电力密集馈入叠加上海特大城市电网峰谷用电特性,上海本地机组调停压力显著增加。未来外来电规模有进一步扩大的可能,市外可再生能源等仍将是首要和主要消纳对象,再加上电网建设趋于饱和,提升需求侧灵活性调节能力势在必行。

2. 实施概况

上海市于 2015 年在原有上海市用电负荷管理中心的基础上,成立了上海市需求响应中心,由上海市经济和信息化委员会与上海市电力公司共同管理,为电力需求响应及虚拟电厂试点推广提供了组织保障。一是基本实现用电负荷管理系统、用电信息采集系统全覆盖。其中,用电负荷管理系统拥有 1 个主站、14 个通信基站、2.9 万负控用户,基本覆盖了上海电网内 10 kV 及以上电力客户,最高负荷监测能力和可控能力分别达到 1 450 万千瓦和 370 万千瓦,可对用户每天 96 点负荷实施周期巡测和实时控制,为虚拟电厂及电力需求响应推广提供了数据采集支撑。二是建成需求响应管理平台。2014 年,上海市需求响应管理平台正式上线。近几年,随着需求侧管理市场化水平提升和市场主体多元化完成多次改版升级，并试点建设虚拟电厂运营管理与监控平台，为新业态推广提供平台保障。三是积极构建资源库。系统摸排需求响应及虚拟电厂资源。目前，需求响应平台中，已注册负荷集成商 15 家，接入用户 1 961 户可调节负荷总量 120 万千瓦。主要包括工业 86 万千瓦，商业 33.1 万千瓦，居民 0.4 万千瓦，电动汽车充电等 0.5 万千瓦。挖掘响应参数、可调节能力较好的需求响应资源参与虚拟电厂响应，7 家运营商和 512 个客户参与，涵盖充电桩、园区微电网、商业建筑、工业自动响应、三联供、储能系统、分布式能源、冰蓄冷装置等多种类型资源。四是积极探索能源生产消费先进技术。试点建设非工空调需求响应系统、工业自动需求响应系统、商业楼宇信息物理系统，不断挖掘居民用户智能用电负荷互动资源。积极推进智慧能源综合服务平台的建设，开展综合能源服务公司负荷集成商平台(虚拟电厂)建设，以实现用户侧资源的合理优化配置及利用。五是支持政策逐步细化。2020 年以来，国家能源局华东监管局印发《上海电力调峰辅助服务市场运营规则(试行)》，首次明确了虚拟电厂参与调峰辅助服务的具体交易规则，包括日前、日内、实时调峰交易；上海市政府出台《上海市促进电动汽车充(换)电设施互联互通有序发展暂行办法》，明确建立以充电运营平台企业、电网企业为主体的居民区两级智能有序充电管理体系。2014 年，上海市在国内首次开展需求响应试点，实际最高负荷降幅达到约 5 万千瓦。2014 年 3 月至 2016 年 10 月，上海共启动需求响应试点 3 次，共参与需求响应负荷 6.22万千瓦，累计降负荷 25 万千瓦，补偿金额总计 20.3 万元。其后在 2018 年开展需求响应 3 次，包括春节寒潮削峰、端午填谷、迎峰度夏削峰。累计参与用户 1 050 户次，累计削峰负荷 36.62 万千瓦，填谷负荷 105.9 万千瓦。首次开展大规模填谷响应，涵盖工业生产移峰、自备电厂、冷热电三联供、冰蓄冷空调机组、电力储能设施、公共充电站、小区直供充电桩等全类型可控负荷。填谷负荷量占轻负荷时段网供负荷比例最大达 8.42%，平均达 6.93%。单次最大提升负荷 105.9 千瓦，应时段平均提升负荷 87.3 万千瓦，是国内填谷需求响应中参与负荷类型最多、比例最高、参与客户最多的一次。2019 年开展需求响应实践 6 次，包括劳动节削峰填谷、端午填谷、迎峰度夏削峰、虚拟电厂快速削峰 2 次、迎峰度冬削峰响应虚拟电厂模拟交易试点。累计参与用户 3 024 次，累计削峰负荷 23.56 万千瓦，填谷负荷 66.95 万千瓦。率先开展局部精准需求响应，最小精准定位至一台 10 kV 变压器。率先采取了竞价交易方式，并在需求响应竞价交易中引入通知提前量系数。其中，虚拟电厂快速削峰以及模拟交易试点累计参与用户 270 户次，削峰 21.83 万千瓦时，单次最大削峰 9.9 万千瓦。首次组合中长期响应、快速响应等类型可调节资源，按照目标负荷曲线进行精准响应。实现了调度需求触发、多品种交易组织、在线监控与管理等功能，实现了整个业务流、信息流的贯通。通过对各类可调节响应资源的组合调用，模拟了常规发电机组爬坡率等参数，规范和细化了每个用户的参与方式，使响应特性曲线与常规发电机组近似，方便调度调用。

3. 商业模式

上海虚拟电厂运营体系的基本成员由电力公司交易中心、调度中心、运管平台以及虚拟电厂四方构成，它们都是参与电力市场交易的市场成员。

交易平台立足于为虚拟电厂提供公平、透明的市场化交易服务，负责引导市场主体入市注册，建立虚拟电厂和用户侧资源的绑定关系，及时发布市场交易信息，组织开展市场化交易，并支持市场出清、结算。

调度控制平台负责根据电网运行情况提出市场需求，具备向虚拟电厂下达控制指令的能力。运营管理平台作为上海市所有虚拟电厂的管理平台，负责建立维护虚拟电厂的有关档案、全流程管控虚拟电厂接入电网系统工程，审核虚拟电厂市场主体资格，归口管理虚拟电厂的响应基线，记录并认定交易执行结果。

虚拟电厂运行控制平台对内以模拟常规电厂外特性为目标，实现对虚拟电厂内部资源的优化聚合、协同控制，管理与内部资源之间的代理协议；对外代替所属资源向交易平台和管理平台完成入市、注册等相关管理流程，并作为一个市场主体参与市场交易。

在当前上海虚拟电厂运营体系中，根据虚拟电厂不同的响应能力，从中长期和短期两个时间维度共设计了 4 种不同收益水平的交易品种，包括中长期和短期需求响应交易、中长期备用交易、短期替代调峰交易等。

中长期备用交易为了满足市场用电的需要，根据发布的电力调度指令，要求虚拟电厂提供的预留发电容量或负荷响应必须在 10 min 内完成调用。按月度组织交易，由电力调度机构综合考虑负荷预测、机组运行计划、需求预测误差等情况确定次月的备用需求，交易中心根据备用需求组织开展月度交易，由有意愿提供备用服务的虚拟电厂参与交易。

三、苏州综合智慧零碳电厂

苏州综合智慧零碳电厂，暨苏州虚拟电厂控制中心，是国家电投江苏公司和国网苏州供电公司为响应国家新型能源体系建设和能源保供双重目标而联合开展的创新实践，同时也是国家电投集团在江苏开展综合智慧零碳电厂的首个突破。

2021 年，苏州全社会年用电量为 1 685 亿千瓦时，最大电力负荷接近 3 000 万千瓦，电力负荷缺口约 255 万千瓦，一旦遇到极端气候影响，将给苏州地区的电力平衡、能源保供提出极大挑战。

苏州市综合智慧零碳电厂将分布式新能源、分布式储能、用户侧可调节负荷通过工业互联网技术链接在一起，一方面能够为电网提供稳定的绿电，另一方面能够为电网的削峰填谷和辅助服务提供灵活性调节能力。

苏州综合智慧零碳电厂的智慧控制系统，也是零碳电厂的中枢大脑。运营方按照省级、市级、县级、单元级“套娃式”的结构一层一层构建。苏州市零碳电厂包括规划的总装机规模 2 143.75 MW、分布式发电容量 336.75 MW、储电容量 262 MW/524 MW · h 以及用电容量 1 545 MW。经过智慧系统的协调控制，可以在迎峰度冬和迎峰度夏期间为苏州市电网提供 1 088.75 MW 顶峰能力，1 318 MW 调峰能力以及 770.7 MW 调频能力，相当于一座 180 万千瓦的常规机组提供的保障能力。项目的总投资成本仅相当于建设相同容量煤电机组的八分之一，极大节约了社会投资。

苏州零碳电厂已经接入的资源清单，包括 10 个分布式发电资源、12 个储能资源。苏州零碳电厂每年将生产约 2.8 亿度绿电，减少 8.5 万吨标煤消耗，减排 24 万吨二氧化碳，助力苏州区域的绿色低碳转型。

苏州零碳电厂的实时负荷曲线、吴江东区和西区的实时负荷曲线可以上传电网，零碳电厂可以作为非统调机组接入苏州地调，实时向苏州地调上传用电功率数据，同时接收苏州地调调度系统的调度指令，按照电网调度指令参与电网的调节。

目前，吴江区、吴中区、苏州工业园区、常熟市、张家港市都已经建有县级的综合智慧零碳电厂，吴江区零碳分厂的装机规模为 2.415 MW，其中发电容量 1.1 MW、储电容量 315 kW/1.5 MW·h、用电容量 1 MW，在三维系统中进入到吴江区全区视图，可以看到一座座单元级的零碳电厂，包含 15 座 110 kV 变电站光伏、1 座供电局仓库光储系统以及聚合的 10 家大用户，可以看到每个零碳单元的概况信息，包括是否正在参与电网的平衡服务等状态信息。

下面介绍苏州零碳电厂的典型场景——供电局仓库光储。双击供电局仓库光储图标进入到相应视图，可以看到在白天，光伏发电给储能充电，剩下的余电直接上网，等到了晚上，储能存储的电力进行发电，供仓库用电设备使用。其他每个典型场景我们都已经完成了梳理，比如光伏、充电桩、分布式储能等，相关的人机交互界面已经在开发当中。

综合智慧零碳电厂最核心的能力就是为电网提供灵活性调节能力，辅助电网平衡。为此，我们专门设计了需求响应、辅助服务以及电力现货 3 大核心关键应用。以需求响应为例，我们能够在信息看板中获取电网发出的需求响应的邀约信息，进而创建需求响应的服务单，在服务单中我们优先会从所有资源中筛选出满足本次需求响应要求的企业用户，根据每个用户户号级的高精度负荷预测模型、用户设备模型以及申报容量的约束自动计算出每个户号需要调整多少负荷以及如何调整，再通过小程序自动推送给用户进行确认，整个计算过程能够在秒级的时间内完成并下送给每个用户，零碳电厂的操作人员因此能够便捷灵活地组织不同类型的用户申报日前级、小时级、分钟级、秒级的削峰填谷响应。等到需求响应的中标结果公布之后，在智慧系统中还会提前下发日前的调度曲线给到每个用户，等到响应执行时用户只需要按计划曲线执行就可完成响应过程。在需求响应的执行过程中，系统会按照 15 分钟级频率对每个资源进行自动监视，根据规则我们在监控曲线上面设置了考核线和经济线 2 个指标，方便监盘人员能够直观清晰地对每个用户的执行情况掌握了解，一旦某个资源的实时负荷超出考核线范围，系统还会自动进行告警并且直接把告警消息推送给用户的管理人员。在大屏需求响应视图下，所有参与需求响应的资源都会突出显示，并且显示当前响应量，对于执行过程中出现告警的资源，该资源将会闪烁，图标也会变成红色用以区分。在执行完成之后，系统会根据获取到的实际执行结果计算响应结果，并进行响应执行的后评价。

类似地，辅助服务和电力现货我们也都完成了从申报—出清—执行—结算—后评价的完整业务功能开发设计以及验证应用。

为了保障需求响应、辅助服务和电力现货的执行性能，智慧系统还具备设备直控、负荷预测、电价预测等功能。

控制中心中，能够实现零碳电厂对储能、空调、充电站等负荷的直接控制。通过点击充电桩启动按钮，可以控制充电站的启停，可以看到充电桩的用电功率上升了，整个过程是秒级控制的；空调的控制通过控制设定温度实现，空调的功率下降了，整个过程也是秒级控制的。

负荷预测针对户号级的用户分时电量进行了高精度预测，准确率可以达到90%以上，为精准把握用户负荷动态、下达调节策略提供辅助分析；电价预测针对售电侧和发电侧的现货日前和实时电价都进行了预测分析，准确率可达到80%以上，为之后零碳电厂根据电力现货的价格信号自动地去削峰填谷提供指导，发挥电力现货的发现价格、优化资源配置的效果。

附　　录

附录 A　储能电站巡视检查项目及要求

表 A.1　储能电站日常巡检项目及要求表

序号	巡检项目	要求
1	电池及电池管理系统(BMS)	① 设备运行编号标识,相序标识清晰可识别,出厂铭牌齐全.清晰可识别; ② 无异常烟雾、振动和声响等; ③ 电池系统主回路、二次回路各连接处连接可靠,无锈蚀,积灰、凝露等现象; ④ 电池外观完好无破损、膨胀,无变形、漏液等现象; ⑤ 电池架的接地完好,接地扁铁无锈蚀松动现象; ⑥ 电池无短路,接地、熔断器正常; ⑦ 电池电压、温度采集线连接可靠,巡检采集单元运行正常; ⑧ 电池管理系统参数显示正常,电池电压、温度在合格范围内,无告警信号,装置指示灯显示正常。
2	储能变流器(PCS)	① 储能变流器柜体外观洁净,无破损,门锁齐全完好,锁牌正确; ② 储能变流器柜体设备编号、铭牌、标示齐全、清晰、无损坏,操作方式、开关位置正常; ③ 储能变流器柜体门关严,无受潮、凝露现象,温控装置工作正常,加热器按季节和要求正确投退; ④ 储能变流器的交、直流侧电压、电流正常; ⑤ 储能变流器运行正常,其冷却系统和不间断电源工作正常,无异常响声、冒烟、烧焦气味; ⑥ 储能变流器液晶屏显示清晰、正确,监视、指示灯、表计指示正确正常,通信正常,时钟准确,无异常告警报文; ⑦ 储能变流器室内温度正常,照明设备完好,排风系统运行正常,室内无异常气味。
3	储能监控系统	① 服务器运行正常,功能界面切换正常; ② 监控系统与 BMS、PCS、消防、视频等系统通信正常; ③ 监控系统无异常告警信息。
4	电池室或电池舱	① 电池室或电池舱外观、结构完好; ② 电池室或电池舱内温度、湿度应在电池正常运行范围内,空调、通风等温度调节设备运行正常;照明设备完好,室内无异味; ③ 电池室或电池舱防小动物措施完好; ④ 视频监视系统正常显示; ⑤ 摄像机的灯光正常,旋转到位。信号线和电源引线安装牢固,无松动。

续　表

序号	巡检项目	要求
5	消防系统	① 火灾报警控制器各指示灯显示正常，无异常报警，备用电源正常； ② 消防标识清晰完好； ③ 安全疏散指示标志清晰，消防通道畅通和安全疏散通道畅通、应急照明完好； ④ 灭火装置外观完好、压力正常，试验合格； ⑤ 消防箱消防桶、消防铲、消防斧完好、清洁，无锈蚀破损； ⑥ 火灾自动报警系统触发装置安装牢固，外观完好；工作指示灯正常； ⑦ 电缆沟内防火隔墙完好，墙体无破损，封堵严密。
6	冷却系统	① 冷却系统工作正常，无异响、震动，室内温湿度在设定范围内； ② 空调内，外空气过滤器(网)应清洁、完好(空调制冷)； ③ 液冷站工作正常，冷却液无渗漏、循环泵电机无异音、压力表指示在正常范围内(液冷站制冷)。
7	液流电池储能系统	① 电解液输送系统管道、法兰无损伤、变形、开裂、漏液，法兰螺栓连接牢固； ② 电解液输送系统阀门位置正确，无损伤、变形、漏液，阀门开合正常，无卡涩； ③ 电解液输送泵转动正常、无异响，无漏液，螺栓应连接牢固、无松动； ④ 电解液储罐外观无变形、漏液，电解液储罐液位计指示液位应与实际液位一致，并在规定范围内； ⑤ 电解液储罐水平度、垂直度应满足初始设计要求； ⑥ 如有气体保护，气体压力值应在设定的保护值范围内； ⑦ 换热器本体完好，无损伤、无变形、无裂纹、无漏液，排液阀门完好无渗漏，与之连接的法兰完好无渗漏，冷媒盘管完好无腐蚀； ⑧ 冷媒管路无损伤、无变形、无裂纹、无腐蚀、无漏冷媒，保温完整，阀门完好； ⑨ 主机显示屏正常无报警，压缩机完好无渗漏，风扇运行正常，转向正确，保温带工作正常，高低压力表指示正确，压力开关设置正确，电气元件完好； ⑩ 伴热保温系统整体结构完整良好，保温无破损、灼烧、缺少的情况，伴热带无断裂、破皮、老化及灼伤等现象；控制箱应外观完整，元器件完整良好，线路整齐，接线紧固，无老化、过热烧焦等现象。

表 A.2　储能电站专项巡检项目及要求表

序号	巡检项目	要求
1	极端天气	① 检查电池运行环境温度、湿度是否正常； ② 检查电池、储能变流器导线有无发热等现象； ③ 严寒天气检查导线有无过紧、接头无开裂等现象； ④ 高温天气增加红外测温频次，检查电池舱内部有无凝露； ⑤ 雷雨季节前后检查接地是否正常。
2	异常及故障后	① 重点检查信号、保护，录波及自动装置动作情况； ② 检查事故范围内的设备情况，如导线有无烧伤、断股。
3	新设备投运或大修后再投运	检查设备有无异声、接头是否发热等。
4	其他类型	① 保电期间适当增加巡视次数； ② 存在缺陷和故障的设备，应着重检查异常现象和缺陷是否有所发展。

附录 B　储能电站典型异常及处理

序号	异常设备	异常运行情况	处理方法
1	储能变流器	屏柜状态指示灯故障	加强巡视，填写缺陷记录，填报检修计划更换。
2		指示偏高但未超过告警值	① 检查风冷装置工作状态和风机工作电源； ② 检查进出口风道及风道滤网是否遮挡； ③ 检查变流器本体多个温度测点指示值； ④ 操作降低变流器功率输出； ⑤ 加强日常巡视中温度检查，填写巡视记录； ⑥ 调整储能系统停机计划，进行变流器内部检查； ⑦ 按照运行规程将变流器改检修并断开储能系统内电气连接； ⑧ 使用红外测温仪检查超温部件和测温探头； ⑨ 填写缺陷记录表，填报检修计划。
3		变流器通信异常、遥测遥信数据刷新不及时	① 检查变流器至监控系统通信通道的通信线缆、交换机和规约转换器状态； ② 采用监控系统网络状态监测工具检查 PCS 通信服务状态； ③ 调整储能系统停机计划，进行变流器内部检查； ④ 按照运行规程将变流器改检修，检查变流器通信板卡状态； ⑤ 重新启动变流器通信卡、规约转换器； ⑥ 填写缺陷记录表，填报检修计划。
4		运行参数（功率控制精度、谐波、三相功率不平衡）偏高但未触发告警	① 检查控制器内部信号及故障码，判断是否内部元件故障； ② 加强巡视，观察运行参数是否渐进劣化； ③ 调整储能系统停机计划，进行变流器内部检查； ④ 按照运行规程将变流器改检修； ⑤ 检查变流器电压/电流传感器等内部信号连接线缆； ⑥ 检查稳压电容等内部连接线缆； ⑦ 填写缺陷记录表，填报检修计划。
5	储能电池	电池单体温度偏高但未超过告警值	① 采用红外测温仪检测电池温度并与 BMS 信号比对； ② 紧固电池正负极接线端子； ③ 检查电池温度探头和测温回路； ④ 持续监测电池温度，观察温度是否进一步偏离正常值； ⑤ 填写缺陷记录表，填报检修计划。
6		电池单体间可用容量偏差高但未超过告警值	① 在电池充满状态进行容量校准； ② 持续监测电池容量，观察是否进一步偏离正常值； ③ 填写缺陷记录表，填报检修计划，联系检修人员进行维护充电。

续　表

序号	异常设备	异常运行情况	处理方法
7	储能电池	电池单体间电压一致性超过限值	① 采用万用表测量电池电压并与BMS信号比对； ② 调整储能系统运行计划，退出储能系统自动功率控制； ③ 投入电池管理系统电池均衡功能，并持续监测电池电压，不允许长时间持续运行； ④ 填写缺陷记录表，填报检修计划，更换缺陷电池。
8		电池单体欠压、过压告警	① 采用万用表测量电池电压并与BMS信号比对； ② 调整储能系统停机计划； ③ 测量电池内阻，并进行充放电维护； ④ 填写异常记录，填报消缺计划，更换缺陷电池。
9	电池管理系统	BMS与监控系统通信异常，数据刷新不及时	① 检查BMS至监控系统通信通道的通信线缆、交换机和规约转换器状态； ② 采用监控系统网络状态监测工具检查BMS通信服务状态； ③ 重新启动BMS时，应先闭锁BMS至变流器跳闸节点及电池簇出口断路器/接触器的跳闸节点； ④ 重启异常网络通信设备； ⑤ 填写缺陷记录表，填报检修计划。
10		BMS电压、温度信号采集错误	① 紧固电池电压/温度探头接线； ② 检查电压/温度采集线与BMS采集器回路； ③ 填写缺陷记录表，填报检修计划。
11	消防和环境控制系统	火灾告警探测器、可燃气体探测器探头失效	① 操作消防系统自动改手动； ② 火灾告警探测器、可燃气体探测器有效性； ③ 填写异常记录表，填报消缺计划，更换异常探头。
12		冷却装置制冷异常	① 检查清洗空调滤网； ② 检查补充空调冷却介质； ③ 检查空调压缩机是否启动； ④ 检查制冷站是否正常工作； ⑤ 检查制冷站冷却水回路是否有渗漏点； ⑥ 填写异常记录表，填报消缺计划。
13		电池室通风异常	① 检查风机工作电源； ② 检查风机控制启动回路； ③ 填写异常记录表，填报消缺计划，更换异常元件。

附录C　储能电站典型故障及处理

序号	故障设备	故障情况	处理方法
1	储能变流器	温度高触发告警、风冷装置故障告警	① 操作退出储能系统,切断系统内电气连接; ② 变流器故障处理宜在停电 30 min 后方可打开盘柜; ③ 检查变流器本体告警信号和超温元件; ④ 检查风冷/液冷装置工作状态和装置工作电源; ⑤ 检查进出口风道及风道滤网是否遮挡,冷却液管路是否有堵塞; ⑥ 使用红外测温仪检查超温部件和测温探头; ⑦ 填写缺陷记录表,填报检修计划。
2		运行参数(功率控制精度、谐波、三相功率不平衡)偏高触发告警	① 操作退出储能系统,切断系统内电气连接; ② 检查控制器本体告警信号; ③ 检查校验变流器电压/电流传感器,必要时录制变流器交直流两侧电压,电流波形; ④ 填写缺陷记录表,填报检修计划。
3		接地告警、绝缘告警	① 操作退出储能系统,切断系统内电气连接; ② 检查控制器本体告警信号; ③ 检查变流器安保接地、中性点接地是否连接可靠,接地电阻值是否正常; ④ 用绝缘检测仪测量变流器直流侧绝缘电阻; ⑤ 填写缺陷记录,填报检修计划。
4		发生异响	① 操作退出储能系统,切断系统内电气连接; ② 检查控制器本体告警信号; ③ 检查风冷装置、变压器、功率模块等部件,核查异响部位或异响元件; ④ 填写故障记录,填报检修计划。
5		交流侧电流保护动作	① 操作退出储能系统,切断系统内电气连接; ② 切断储能系统交流侧并网汇集线路; ③ 填写故障记录,填报应急抢险计划,配合检修人员进行故障抢险。
6		直流侧电流保护动作	① 操作退出储能系统,切断系统内电气连接; ② 检查电池簇和电池状态; ③ 检查 BMS 与变流器之间的保护跳闸节点是否正常; ④ 填写故障记录,填报应急抢险计划,配合检修人员进行变流器和电池检测。
7		温度高、有异响、异味	① 操作退出储能系统,切断储能系统内电气连接; ② 变流器故障处理宜在停电 30 min 后方可打开盘柜; ③ 检查变流器本体告警信号和超温部件; ④ 检查变流器内部是否存在电弧烧灼现象; ⑤ 检查风冷装置; ⑥ 检查进出口风道及风道滤网是否遮挡; ⑦ 填写故障记录,运行人员配合事故抢修人员处置。

续　表

序号	故障设备	故障情况	处理方法
8	电池管理系统	BMS主机死机、BMS测量数据不刷新	① 检查BMS主机环境温度、检查BMS电源、通信线缆； ② 检查BMS主机告警信号； ③ 调整储能系统停机计划，进行BMS屏柜内部检查； ④ 按照运行规程将BMS改检修； ⑤ 重启BMS主机，检查BMS主机告警信号； ⑥ 填写缺陷记录，填报检修计划更换BMS故障部件。
9	储能电池	电池单体欠压、过压，BMS保护动作	① 操作退出储能系统，切断系统内电气连接； ② 采用万用表测量电池电压并与BMS信号比对； ③ 填写故障记录，填报检修计划。
10		液流电池电解液循环管道接头轻微渗液	① 加强现场巡视检查，持续跟踪记录漏液现象； ② 调整储能系统停机计划； ③ 填写缺陷记录，填报检修计划； ④ 检修前应按照运行规程退出储能系统，紧固或更换电解液循环系统泄漏部位接头； ⑤ 处理人员操作时应使用安全防护用具，防止吸入有害气体、接触酸液。
11		液流电池电解液循环系统故障	① 操作退出储能系统，切断系统内电气连接； ② 检查电动阀门动执行机构，对电动阀门进行校准； ③ 检查循环泵； ④ 填写故障记录，填报检修计划，更换电动执行机构、循环泵。
12		铅碳电池、锂电池壳体变形、鼓胀，出现异味	① 立即操作退出储能系统，切断系统内电气连接； ② 在故障电池周边加装防火隔板和防渗漏托盘； ③ 填写故障记录，填报检修计划更换故障电池。
13		电池壳体破损、泄压阀破裂、电解液泄露	① 立即操作退出储能系统，切断系统内电气连接； ② 在故障电池周边加装防火隔板和防渗漏托盘； ③ 填写故障记录，填报应急抢险单，更换电池； ④ 对同储能系统电池进行抽检，故障电池更换完成后需进行电池簇检测； ⑤ 操作时应使用安全防护用具，防止吸入有害气体、接触酸液。
14		液流电池热管理系统故障	① 立即操作退出储能系统，切断系统内电气连接； ② 检查压缩机的辅助预热设备和伴热带； ③ 检查压缩机本体； ④ 填写故障记录，填报应急抢险单，更换压缩机。
15		泄压阀破裂、冒出烟气、无明火	① 立即操作退出储能系统，切断电池室内全部电气连接； ② 人员立即从电池室撤离并封闭，人员不应进入或靠近； ③ 立即远程操作退出储能系统，跳开储能系统内部电气连接，并断开与其他储能系统的电气连接； ④ 按应急预案采取隔离和防护措施，防止故障扩大并及时上报； ⑤ 填写故障记录，运行人员配合事故抢修人员处置。

续 表

序号	故障设备	故障情况	处理方法
16	储能电池	电池温度高、电池泄压阀打开、释放大量刺鼻烟气、出现明火	① 立即操作退出储能系统，切断系统内电气连接； ② 人员立即从电池室撤离并封闭，关闭全部电池室防火门，疏散周边人员，人员不应进入或靠近； ③ 确认电池室消防系统启动自动灭火，如未启动则人工启动； ④ 立即停运整个储能电站，并远程操作跳开电站全部电气连接； ⑤ 按应急预案采取隔离和防护措施，防止故障扩大并及时上报； ⑥ 填写故障记录，运行人员配合消防员及事故抢修人员处置。
17		液流电池系统电解液大量泄漏或者喷溅	① 人员立即从电池室撤离并封闭，疏散周边人员，人员不应进入或靠近； ② 立即远程操作退出储能系统，跳开储能系统内部电气连接，并断开与其他储能系统的电气连接； ③ 待电解液放空或喷溅结束后按应急处置方案采取相应措施，防止故障扩大。

附录 D　储能电站维护项目及要求

序号	维护项目	要求	建议维护周期
1	储能变流器	① 定期对储能变流器清扫或更换滤网	周期不大于 6 个月
		② 定期读取和保存储能变流器运行数据	周期不大于 6 个月
		③ 定期检查储能变流器电缆接线是否松动；连接端子和绝缘是否有变色或者脱落，并对损坏或者腐蚀的连接端子进行更换	周期不大于 12 个月
		④ 定期对变流器的冷却系统进行检查，对活动部件进行润滑	周期不大于 12 个月
2	电池及电池管理系统	① 对电池和电池柜进行全面清扫	周期不大于 12 个月
		② 检查并紧固储能系统各部位连接螺栓	周期不大于 12 个月
		③ 检查电池柜或集装箱内烟雾、温度探测器工作是否正常	周期不大于 6 个月
		④ 定期对锂离子电池进行均衡维护	周期不大于 12 个月
		⑤ 定期对低电量存放的电池进行充放电	周期不大于 6 个月
		⑥ 定期检查液流电池电解液循环系统、热管理系统、电堆的外表有无腐蚀或漏点	周期不大于 6 个月
		⑦ 定期检查液流电池系统氮气瓶压力，并及时补充氮气	周期不大于 3 个月
		⑧ 定期对电池管理系统的数据进行读取保存，并进行软件更新	周期不大于 6 个月

续　表

序号	维护项目	要求	建议维护周期
2	电池及电池管理系统	⑨ 定期检查光纤的连接情况，发现问题应及时处理	周期不大于 12 个月
3	制冷系统	① 定期检查、补充冷却介质	周期不大于 6 个月
		② 定期检定冷却装置压力表	周期不大于 12 个月
		③ 定期清洗空调滤网	周期不大于 12 个月

附录 E　常用调度术语

编号	调度术语	含义
1	报数：么、两、三、四、五、六、拐、八、九、洞	一、二、三、四、五、六、七、八、九、零
2	调度管辖	发电设备（计划和备用）运行状态改变各电气设备的运行方式（包括继电保护和安全自动装置的状态）、倒闸操作及事故处理的指挥权限划分。
3	调度许可	设备由下级调度运行机构管辖，但在进行有关操作前（检修申请另行办理）必须报告上级值班调度员，并取得其许可后才能进行。
4	调度同意	值班调度员对下级调度运行值班人员提出的申请、要求等予以同意（包括通信、远动、自动化设备）。
5	直接调度	值班调度员直接向现场运行值班人员（发电厂值长、变电站值班长等）发布调度指令的调度方式。
6	间接调度	值班调度员向下级调度员发布调度指令，由下级值班调度员向现场运行值班人员传达调度指令的调度方式。
7	委托调度	上级调度管辖的设备，暂时性委托给下级调度或发电厂值长对制定设备进行调度的方式（涉及对系统有影响者须经上级调度许可）。
8	设备复役	生产单位设备检修完毕，具备运行条件，经调度操作后，投入运行或列入备用。
9	设备试运行	新装或检修后的设备移交调度部门启动加入系统运行并进行必要的试验与检查，且随时可能停止运行。
10	开工时间	值班调度员发布检修申请单可以开工的时间。
11	竣工时间	值班调度员接到设备检修工作竣工汇报的时间。
12	停役时间	线路、主变等电气设备以各端做好保安接地，许可工作为准。
13	复役时间	线路，主变等电气设备以汇报工作结束为复役时间。
14	并网点	光伏发电站升压站高压侧母线或节点
15	送出线路	从光伏发电站并网点至公共连接点的输电线路
16	有功功率变化	单位时间内（1 min 或 10 min），光伏发电站有功功率最大值与最小值之差

续　表

编号	调度术语	含义
17	低电压穿越	当电力系统事故或扰动引起光伏发电站并网点电压跌落时，在一定的电压跌落范围和时间间隔内，光伏发电站能够保证不脱网连续运行
18	孤岛现象	电网失压时，光伏发电站仍保持对失压电网中的某一部分线路继续供电的状态。孤岛现象可分为非计划性孤岛现象和计划性孤岛现象。(注：非计划性孤岛现象指的是非计划、不受控地发生孤岛现象。计划性孤岛现象指的是按预先配置的控制策略，有计划地发生孤岛现象。)
19	防孤岛	禁止非计划性孤岛现象的发生

附录F　调度运行值班要求

1. 零碳电厂调度员在正式担任值班工作之前，必须进行调度培训考试。

2. 值班期间必须严格执行安全运行规程，严肃认真，全神贯注，集中精力地考虑电站运行情况，并做好事故预想，保证电力系统安全优质经济运行。

3. 值班时间不得离开工作岗位，不得擅自找人代班，特殊情况需要离开时应经当值值长同意。

4. 脱离值班工作岗位一个月以上，在重新值班之前，应经过适当的跟班熟悉系统，由生产部门领导批准，方能进行值班。

5. 中心调度室内应保持肃静、整洁，不得闲谈、不得会客，不得做与调度值班工作无关的其他事情。

6. 严格遵守保密制度，防止失密、泄密和窃密，不得向无关人员泄露生产数据和生产情况等。

7. 按要求参加业务学习安全活动以及反事故演习活动等，不断提高自己政策水平和调度业务水平。

8. 交接班管理是交接双方班组班之间交清情况，明确双方职责，保障工作无缝衔接，设备稳定运行的一项重要举措。交班负责人要提前30分钟将当班时间内的重要操作过程、设备异常情况、上级指示等各项情况按照交接班内容要求在生产管理信息系统“值班记录”模块录入交班生产信息，带领当班人员清理值班场所，做好交班准备工作。

9. 接班人员业余时间应保障休息，保持在班时间精力充沛。严禁上班前八小时内以及当班时饮酒。

10. 如已到规定的时间，而接班人员未能按时前来接班，交班人员应留在岗位上继续值班，并向上一级领导汇报，直至有人前来接班，完成按照交接班流程规定的交接班手续后方可离开岗位。非特殊情况下，值班员不得超班次值班。

11. 在召开交接班会时，交接班人员应队列整齐，严肃认真。交接班负责人在讲解时应使用普通话，声音洪亮清晰。

12. 在交接班过程中，必须达到下列要求：运行方式清、设备变动清、安全措施清、运行参数清、设备缺陷清、交班日志清。由于交代不清或有意隐瞒发生问题，由交班人员负责。如因接班人员未按规定检查或检查不细发生问题，由接班人员负责。

13. 交班前20分钟、接班后10分钟，原则上不办理工作票手续，不执行新的操作任务（特殊情况例外），其余时间不得拒绝办理工作票和执行操作任务。

14. 交接班时如遇正在进行的重大操作或发生事故异常情况，应立即停止交接班，并由交班人员负责处理，接班人员按交班人员的要求协助处理，待处理告一段落后，再进行交接班。如果已经履行完交、接班签字手续，则应由接班人员为主进行事故及异常情况处理，交班人员应在接班负责人的领导下主动配合处理。

15. 禁止无关人员进入控制室。若遇非电厂领导莅临指导、社会团体参观、新闻媒体采访，必须报生产领导同意。本单位对应部门相关人员必须全程引导陪同参观过程，进入调度室后由当值人员宣讲安全事项，明确来访者逃生路线和方向。

16. 认真监视、分析各聚合电厂和储能项目发电设备运行状态是否正常，遇有发电设备运行异常或者场站消防告警时，应立即中断其他工作，及时梳理相关信息，包括调看监控视频、查阅告警报文等，第一时间拨打场站值班电话通知场站运维人员进行检查和处理。

17. 在设备事故情况下，零碳电厂调度值班人员应按照场站运行规程事故处理规定，及时查看告警报文和开关动作情况，收集继电保护动作信息，初步分析故障性质，并将相关情况汇报生产部门领导，同时通知场站运维人员进行处理。如遇涉及上级调度设备跳闸，值班员除进行上述工作外，还应将相关情况及时汇报所辖调度机构。

参考文献

王鹏，王冬容.走进虚拟电厂[M].北京：机械工业出版社，2020.